中国健康传媒集团

本科规划教材

# Python数据分析编程基础

（供企业数字化管理、电子商务等专业用）

主　编　陈洪涛　俞成功

编　者　（以姓氏笔画为序）

杨　茜（浙江药科职业大学）

陈洪涛（浙江药科职业大学）

周芷伊（浙江药科职业大学）

俞成功（浙江药科职业大学）

崔松岩（浙江药科职业大学）

中国健康传媒集团

中国医药科技出版社

## 内 容 提 要

本教材是"医药高等职业教育本科规划教材"之一，共 13 个项目，内容涵盖掌握 Python 编程基础、组织程序和项目文件、面向对象的程序设计、用容器管理和使用数据、在文件中存取数据、用正则表达式处理大量文本数据、程序调试和异常处理、NumPy 模块的使用、Pandas 模块的使用、数据处理的常见场景、数据可视化、机器学习和综合实训项目，有较强的实用性和针对性。

本教材主要供企业数字化管理、电子商务等专业教学使用，也可作为相关从业人员的参考用书。

**图书在版编目（CIP）数据**

Python 数据分析编程基础/陈洪涛，俞成功主编 . —北京：中国医药科技出版社，2023.12

医药高等职业教育本科规划教材

ISBN 978 – 7 – 5214 – 4315 – 8

Ⅰ . ①P…　Ⅱ . ①陈…②俞…　Ⅲ . ①软件工具 – 程序设计 – 高等职业教育 – 教材　Ⅳ . ①TP311. 561

中国国家版本馆 CIP 数据核字（2023）第 236315 号

**美术编辑**　陈君杞

**版式设计**　友全图文

出版　**中国健康传媒集团** | 中国医药科技出版社

地址　北京市海淀区文慧园北路甲 22 号

邮编　100082

电话　发行：010 – 62227427　邮购：010 – 62236938

网址　www. cmstp. com

规格　889mm × 1194mm $\frac{1}{16}$

印张　15

字数　426 千字

版次　2024 年 1 月第 1 版

印次　2024 年 1 月第 1 次印刷

印刷　北京京华铭诚工贸有限公司

经销　全国各地新华书店

书号　ISBN 978 – 7 – 5214 – 4315 – 8

定价　**58. 00 元**

获取新书信息、投稿、为图书纠错，请扫码联系我们。

# 数字化教材编委会

主　编　陈洪涛　俞成功
编　者　（以姓氏笔画为序）
　　　　杨　茜（浙江药科职业大学）
　　　　陈洪涛（浙江药科职业大学）
　　　　周芷伊（浙江药科职业大学）
　　　　俞成功（浙江药科职业大学）
　　　　崔松岩（浙江药科职业大学）

# 前言 PREFACE

数据蕴含着巨大的价值，这已经成为全社会的共识。企业、社会组织乃至政府都在进行数字化转型，当今社会已经进入数据时代。越来越多的企业开始着手数字化转型，其商业模式和运营管理也越来越倚重数据，数据已经成为一种新的生产要素。但是，数据本身并不能直接创造价值，只有当人们能够从数据中分析、提炼出有价值的模式，并促使相关人员采取正确的行动，数据的价值才有可能体现出来。显然，拥有数据分析能力的人才，已成为企业数字化转型成功的关键。

数据分析在很多职业场景已经占据至关重要的地位。数据分析能力的构成基于三类知识的融合与应用：数学与统计的知识、业务领域的知识，以及与数据分析密切相关的编程能力。本教材的侧重点就是数据分析的编程能力。

从数据分析的流程看，数据分析编程能力应该包括以下 4 点。

1. 需要具备数据获取的能力，从数据库、数据仓库、各种格式的文件乃至互联网获得数据。
2. 需要知道数据质量的标准，并能进行数据清洗和数据预处理的能力。
3. 能够进行探索性数据分析，通过编程了解数据的分布和统计值，来洞察数据内涵。
4. 能够利用算法在数据中发现有用的模式。

本教材围绕编程能力形成的规律，详细介绍了 Python 基础、NumPy 和科学计算、Pandas 和常见的数据处理场景、机器学习的简单应用等内容，通过 13 个项目的学习和演练，帮助读者构建基本的数据分析能力。

本教材共十三个项目，项目一至项目七、项目十、项目十二由陈洪涛编写，项目八由崔松岩编写，项目九由周芷伊编写，项目十一由杨茜编写，项目十三由俞成功编写。

限于数据分析相关技术发展较快，书中难免有不当或疏漏之处，还请读者批评指正，以便再版时完善。

编 者
2023 年 10 月

CONTENTS **目录**

# 项目一　掌握 Python 编程基础

PPT

## 学习目标

### 职业能力目标

熟练掌握 Python 开发环境的安装和使用。

掌握从自然语言的问题描述到程序构建的思考方法；数据类型、运算符、表达式的概念和使用；程序的三种流程控制结构。

### 典型工作任务

在开始数据分析工作前，常需要构建一个数据分析编程的开发环境，并具备基本的编程能力，数据分析人员应该具备将一个问题的解决方法翻译成为程序的能力。

## 任务一　Python 数据分析编程环境的建立

### 一、安装编程环境

作为一种相当流行的编程语言，Python 程序可以在不同的操作系统平台上运行。Python 程序的运行依赖 Python 编译和解释器，Python 知识产权的拥有者 Python 软件基金会（Python Software Foundation）推出了官方的编译解释器 CPython，并广泛使用。除了 Python 编译和解释器，还需要编写、调试、测试程序的工具，一般被称为集成开发环境（integrated development environment，IDE），工具很多，包括 Visual Studio Code、PyCharm、Spyder、Jupyter NoteBook 等。

Anaconda 公司为数据科学的使用者，集成了 CPython 解释器、大量的数据分析和机器学习开发所依赖的库和 Spyder、Jupyter NoteBook 集成开发环境。本书选择 Anaconda 作为开发环境是因为其安装简单，学习者不需要花费太多时间在安装、配置上，随着能力的提高，学习者可以选择更适合自己的开发工具。

Anaconda 的官网地址为 https://www.anaconda.com/，但是国外网站的下载速度可能比较慢，可以选择国内的镜像站，如清华大学、上海交通大学、中国科学技术大学等开源软件镜像站。找到这些站点的方法，就是用搜索引擎搜索"大学名称 Anaconda"。

清华大学的软件镜像站：可以通过访问网址 https://mirrors.tuna.tsinghua.edu.cn/help/anaconda/获得，单击如图 1-1 所示的链接即可下载。

在软件的列表中，单击列标题"Date"进行排序，如图 1-2 所示，然后在页面的最下方找到最新的 Anaconda 安装包链接单击它即可下载。

安装完成后，在开始菜单中会安装下面的程序，如图 1-3 所示。

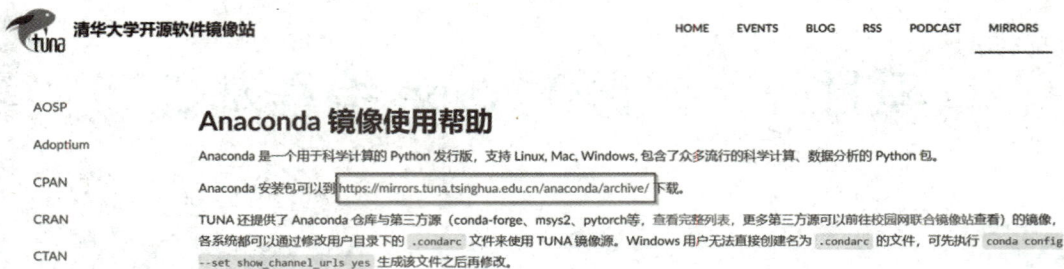

图 1-1　清华软件镜像站下载链接

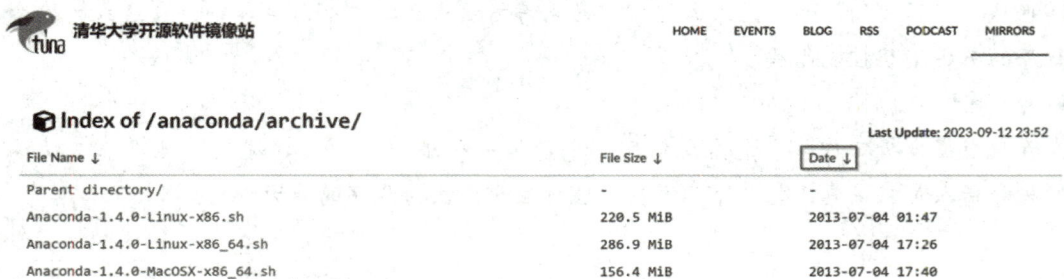

图 1-2　对软件列表按时间排序

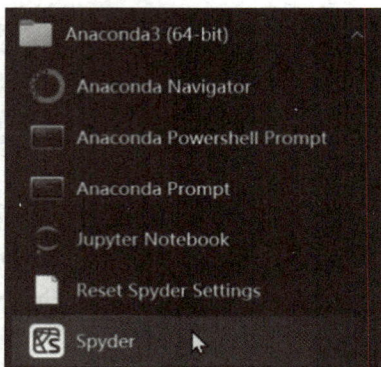

图 1-3　安装完成后的菜单项

在本书中，主要使用 Spyder Jupyter Notebook 作为编程环境。

## 二、Jupyter Notebook 的使用

Jupyter Notebook 是网页版的 IPython，数据分析、机器学习等领域的用户经常使用这个工具，通过菜单中的"Jupyter Notebook"条目可以打开 Web 应用程序（会启动一个命令行窗口），同时打开浏览器，然后就能在网页中使用 Jupyter Notebook。

**1. 改变 Jupyter Notebook 的默认工作路径**　如果要将项目代码放在指定的目录中，需要改变 Jupyter Notebook 的默认工作路径，方法是右键单击开始菜单的"Jupyter Notebook"条目，选择"更多＞打开文件位置"，右键单击"Jupyter Notebook"快捷方式文件，在弹出的菜单中选择"属性"，然后按照下图所示的方法进行设置，要把"目标（T）"栏末尾的"％USERPROFILE％/"改成工作路径，删除"起始位置（S）"中的内容（图 1-4）。

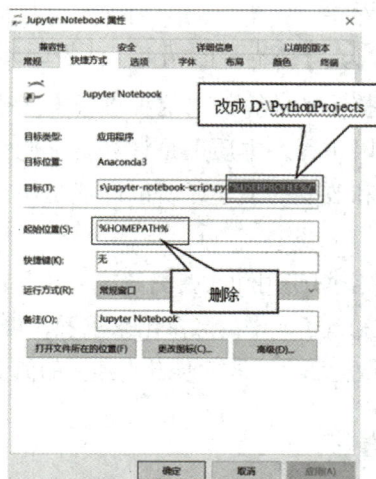

图 1 - 4 设置 Jupyter Notebook 的工作路径

**2. 创建一个新的 Notebook** 启动了 Jupyter Notebook 网页后，创建一个新的 Notebook 文件（图 1 - 5），在同一个菜单中也可以创建文件夹。如果已经创建了一个 Notebook 文件，那么在这个界面的文件列表中也会显示这个文件，单击它就会进入这个文件的编辑界面。

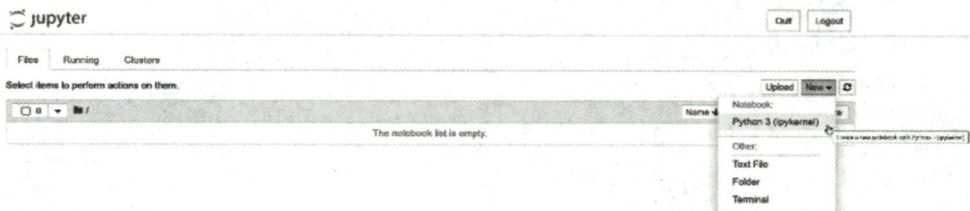

图 1 - 5 Jupyter Notebook 新建 Notebook 文件

**3. 在 Notebook 中编辑代码** 打开 Notebook 文件后，可以在单元 Cell 中编辑代码（图 1 - 6），编辑完代码后，按 "Shift + Enter" 组合键，当前单元中的代码就会运行并输出结果。

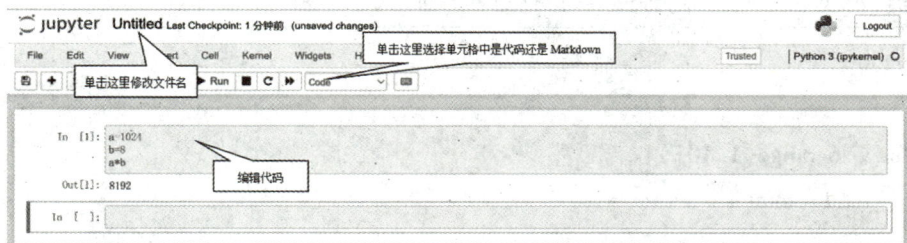

图 1 - 6 在 Notebook 中编辑代码

# 任务二 算法描述

## 一、基于存储器的问题解决思路

如果要用计算机解决问题，就需要将解决问题的过程用程序设计语言来描述，对初学者来说，这一步常常会感到有些难度，主要的障碍在于，人类对问题的思维常是抽象、集合、连续的，例如传说高斯在做 1 到 100 的累加时，想法是：有 49 对数合计是 100，还有一个数是 100，一个数 50，所以结果是 5050，这种方法是把一类数当作一个整体来计算的，这种思维方式很难直接变成程序，程序的计算方式是具体的、单个的、离散的。主要原因是程序本质上是计算机存储空间使用和改变过程的描述，解决问题的过程如果就是基于存储空间使用和改变的描述。所以即使是用自然语言描述这个过程，也能很容易翻译成编程语言。

例如上面的累加的例子，基于存储空间使用和改变的解决方法是：①要两个盒子，盒子 total 中放入 0，盒子 v 中放入 1；②将盒子 total 中的数和盒子 v 中的数拿出来求和，再放回盒子 total 中；③盒子 v 中的数拿出来加上 1，再放回盒子 v 中；④重复做上面②、③两步，直到 v 的值变成 101；⑤从盒子 total 中拿到结果。

## 二、从自然语言到编程语言

上面用自然语言描述的过程翻译成 Python 代码，表示为：

```
1.      total = 0
2.      v = 1
3.
4.      while v < 101 :
5.          total = total + v
6.          v = v + 1
7.
8.      print("1到100 的累加:", total)
```

代码第 1、2 两行要盒子，代码第 5、6 两行操作盒子，代码第 4 行定义代码第 5、6 两行做 100 次。代码第 8 行从 total 中取到结果。

当然，不同的编程语言有自己的特色，Python 有更简单的方法不断改变盒子 v 中值，range( ) 函数生成了 100 个数，从 1 到 100。第 3 行代码依次在 v 中放入一个数，然后执行一次循环。

```
1.      total = 0
2.
3.      for v in range(1,101) :
4.          total = total + v
5.
6.      print("1 到 100 的累加:", total)
```

# 任务三　构建程序

## 一、从问题到程序的构建过程

从问题到程序会经历下面这些阶段：识别问题、建立模型、设计算法、验证正确性。

如果有函数：$y = \sin(x) + 1, x \in R$，求 $x \in [1, 2.5]$ 区间的函数曲线下方与 x 轴上方围成的形状的面积，如图 1-7 所示。计算机不能做连续值的计算，因为任意两点之间有无限多的实数，所以需要用有限的、离散矩形组合去近似这个形状（图 1-7）。

问题的思考过程如下。

**1. 识别问题** 曲线下方围成的面积可以用图描绘，产生一个明确的、无歧义的问题描述。

**2. 建立模型** 用很多的等宽的矩形来近似计算面积。说明：图 1-8 中用 4 个矩形来逼近实际面积，每个矩形的宽度就是区间宽度的 1/4，矩形的高度可以通过这样的方法求得：随机均匀地取 4 个 $x_i$ 值，通过函数可以求得 4 个对应的 $y_i$ 的值。

**3. 设计算法**

（1）计算小矩形宽度 $w = (2.5 - 1)/n$

（2）下面依次做 n 次 ①生成一个 [1, 2.5] 区间内的随机数 $x_i$；②计算小矩形面积：$r = (\sin(x_i) + 1) * w$；③累加小矩形的面积。

（3）输出最后的结果。

**4. 测试结果是否正确**

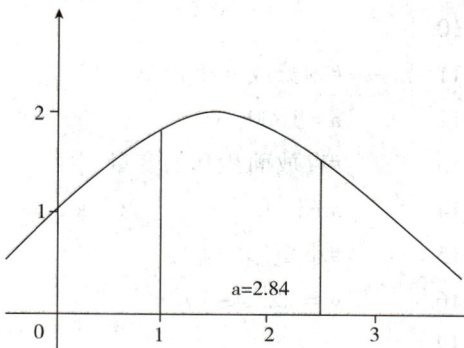

**图 1-7 曲线下方的面积**

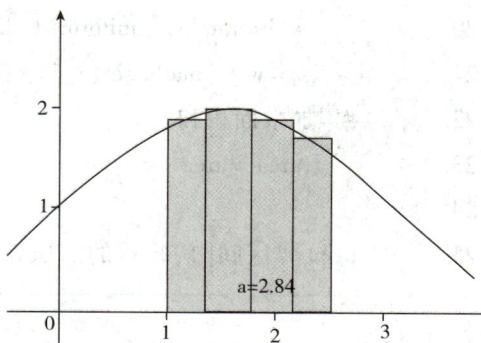

**图 1-8 用小的矩形逼近曲线下方的面积**

## 二、程序的构成要素

一旦明确了问题解决的方法，接下来的事情就和编程的技术细节有关了，其实就是一些技术问题，只要能提出技术问题，那么通过搜索引擎就能解决绝大多数问题，例如：

问题 1：Python 如何生成某个区间的随机数？使用 random 模块的 uniform 函数。

问题 2：如何使用 sin 函数？使用 math 模块的 sin 函数。

问题 3：如何循环做 n 次求累加？循环做 area = area + r。

于是就可以写成这样的代码：

```
1.      '''
2.      求函数 y = sin(x) +1 在某区间的定积分。
3.
4.      求定积分的方法是,将某个区间内函数和 x 轴围成的形状划分成小矩形,
5.      通过小矩形的面积之和去逼近形状的面积。
6.      n:表示区间划分成多少份
7.      区间:[1,2.5]
8.      '''
9.      import random,math
```

```
10.
11.        #划分成 n 个矩形
12.        n = 1000
13.        #存放面积和的变量
14.        area = 0
15.        #小矩形的宽度
16.        w = (2.5 - 1)/n
17.
18.        # 循环做 n 次
19.        for i in range(n):
20.            x_i = random.uniform(1, 2.5)
21.            r = w * (math.sin(x_i) + 1)
22.        #累加求面积和
23.            area = area + r
24.
25.        print("区间[1,2.5]的面积为:", area)
```

在这个程序中包括以下内容。

**1. 注释**　并不会作为程序执行，可以视为程序员的笔记，用于说明代码的意图和逻辑，方便沟通和记忆。代码第 1 行到第 8 行之间的是块注释，所有 "#" 开头的如第 11、13、15 等行是行注释。

**2. 语句**　有简单语句和复合语句，复合语句会组合多个语句（图 1 – 9），代码第 19 到 23 行是循环语句，就是一种复合语句。代码第 20 到 23 行语句有相同的缩进，组成一个有相同缩进的语句块，这个语句块都受代码第 19 行的约束（第 19 行的末尾有一个冒号）。

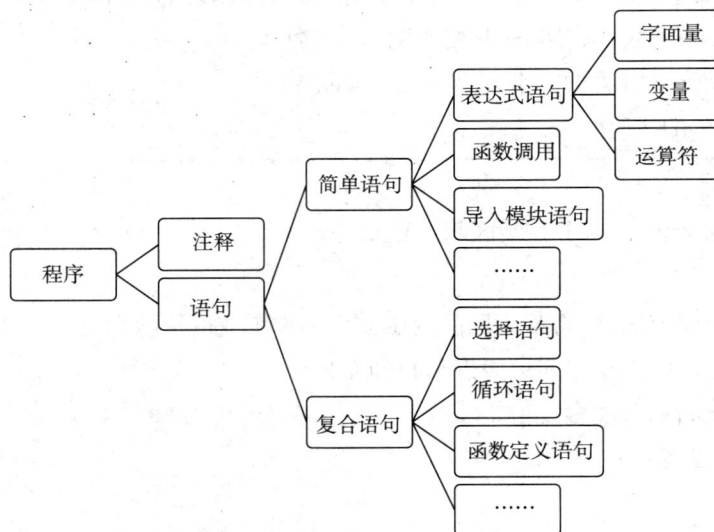

图 1 – 9　程序的构成要素

## 三、数据类型

前面说的盒子称为变量，因为盒子中的内容可以变化。赋值语句：n = 1000 中，"n" 就是变量，后面的 "1000" 是数据对象（字面量），Python 的变量没有类型，其实是个引用数据对象的名称，变量可以引用（或称绑定）不同的数据对象，但是数据对象是有类型的。type( n )不是得到 n 的类型，而是和 n 绑定的数据对象的类型。

```
1.    In[1]: n = 1000
2.
3.    In[2]: type( n )
4.    Out[2]: int
5.
6.    In[3]: n = "hello"
7.
8.    In[4]: type( n )
9.    Out[4]: str
```

变量名称，以及后面学到的函数名称、类名称等，都需要遵守命名规则：由字母、数字、下划线三种符号组成，不能以数字开头，不可以使用 Python 的保留字。由于 Python 3 以后默认支持 UTF - 8 编码，所以命名规则中的字母不但包括英文的 26 个字母，也包括中文字等字母，把名称命名为中文 "顾客数"，也是可以的。表 1 - 1 中列举的是一些在命名中常见的错误。

表 1 - 1　命名中常见的错误

| 错误的标识符 | 错误原因 | 正确 |
| --- | --- | --- |
| 01 班 | 不允许以数字开头 | 班 01 |
| x i | 空格非字母 | x_i |
| zhang@ class1 | @ 非字母 | zhang_class1 |
| def | 不允许使用关键字 | |

如果要知道有哪些保留字不可以用作用户自定义的名称，可以用下面的方法，输出的都是保留字。

```
1.    In[3]: import keyword
2.
3.    In[4]: keyword. kwlist
4.    Out[4]:
5.    ['False',
6.    'None'
7.    ...
```

Python 是强类型的语言，不同类型的数据在运算时可能不能自动转换类型，当然数据类型（例如整数、浮点数）在运算的时候会自动转换类型：

```
1.    In[5]：123 +'456'
2.    Traceback(most recent call last)：
3.
4.    Cell In[5], line 1
5.    123 +'456'
6.
7.    TypeError：unsupported operand type(s) for + ：'int' and 'str'
```

整数和字符串不能在运算的时候自动转换类型，所以运行程序时出现了错误。

Python 的数据类型主要如表 1 - 2 所示，表中没有列的是字节相关的类型，用的场合比较少。

表 1 - 2　Python 的数据类型

| 类型分类 | 类型 | 举例 |
|---|---|---|
| 数值类型 | int | 整数，123 |
| | float | 浮点数，3.1415 |
| | complex number | 复数，2 +3j |
| 逻辑类型 | bool | 逻辑值，True、False |
| 序列容器类型 | list（元素可变） | 列表，[1, 2, 3] |
| | tuple（元素不可变） | 元组，(1, 2, 3) |
| | str（元素不可变） | 字符串，'Python',"Python","""Python""", '''Python''' |
| 无序容器类型 | dict | 字典，{"a"：1, "b"：2} |
| | set | 集合，{1, 2, 3} |

有些场合，逻辑真、假也可以用其他值替代，如表 1 - 3 所示，非空、非零表示真，空、零表示假。

表 1 - 3　视为真、假的值

| 真（True） | 假（False） |
|---|---|
| 非空字符串 | 空的字符串" |
| 非 0 数字 | 数字 0 |
| 非空容器 | 空的容器 [] () {} set() |
| 非空对象 | None |

代码示例如下：

```
1.    In[1]：if 5：print("真")
2.    ...：
3.    真
4.
5.    In[2]：if "Hi"：print("真")
6.    ...：
7.    真
```

## 四、运算符和表达式

表达式是运算符、字面量、变量的组合，下面这样的都是表达式：

1.　　10
2.　　n
3.　　(2.5 − 1)/n
4.　　a and b

表达式可以计算得到一个值，可能是整数、浮点数、逻辑值等。

1.　　In[13]:year = 2023
2.　　　...:print((year%4 = =0 and year%100！=0) or year%400 = =0)
3.　　False

Python 中的运算符包括赋值运算符（":="，Python 3.8 引入）、算术运算符（+、−、\*、\*\*、/、//、%）、逻辑运算符（and、or、not）、成员运算符（in、not in）、比较运算符（<、>、<=、>=、= =、！=）、位运算符（<<、>>、&、|、^、~）和对象标识运算符（is、is not）等。不同的运算符可以构成对应的表达式，例如算术运算符就能构成算术表达式：5 + 6 \*\* 2，表示 5 加 6 的 2 次二次幂。这里不再展开描述各种运算符的用法，可以在使用的时候查阅文档。

# 任务四　设定计算机的处理次序

## 一、程序流程控制结构

各种语句构成了程序的执行过程，程序的执行过程有三种控制结构，分别是顺序、选择和循环，如图 1 − 10 所示。所谓顺序结构就是按照语句的前后次序顺序执行，如果把选择语句或者循环语句看作一个语句，那么程序都是顺序结构。

## 二、选择结构

所谓选择结构，就是根据条件的选择结果，选择执行某一些语句而不执行另外一些语句的结构。选择结构对应的选择语句有三种形式：单分支（if...）、双分支（if...else...）、多分支（if...elif...else...）。if、elif 后面是可以判定真假的算术表达式、关系表达式、逻辑表达式、赋值表达式（运算符只能是":="）等。单分支，满足条件执行语句，不满足条件就从这个结构的下一行语句开始执行：

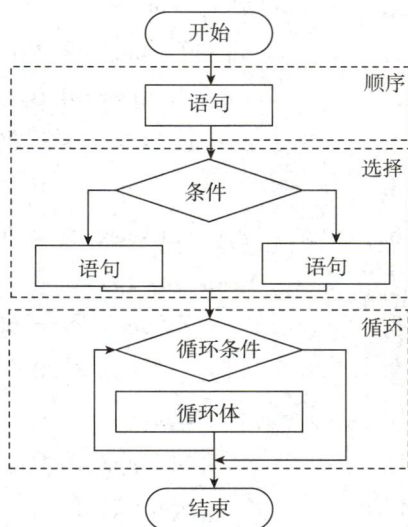

图 1 − 10　程序执行过程的三种控制结构

```
1.    In[1]: i = 1
2.     ...: if x: = i:
3.     ...:     print("x 的值不是 0")
4.     ...:
5.    x 的值不是 0
6.
7.    In[2]: i = 0
8.     ...: if x: = i:
9.     ...:     print("x 的值不是 0")
10.    ...:
11.
```

双分支实例：能否通过测试：

```
1.    In[1]: score = 70
2.     ...: if score >= 60:
3.     ...:     print("通过此次测试")
4.     ...: else:
5.     ...:     print("未通过此次测试")
6.     ...:
7.    通过此次测试
```

多分支实例：计算绩点：

```
1.    In[4]: score = 70
2.     ...: if score >= 90:
3.     ...:     gpa = 4.0
4.     ...: elif score >= 80:
5.     ...:     gpa = 3.0
6.     ...: elif score >= 70:
7.     ...:     gpa = 2.0
8.     ...: elif score >= 60:
9.     ...:     gpa = 1.0
10.    ...: else:
11.    ...:     gpa = 0.0
12.    ...: print(gpa)
13.    2.0
```

## 三、循环结构

循环结构就是在满足循环条件时重复执行代码块,循环是计算机程序的魅力所在,因为只需要少量的代码,就可以让计算机做很多工作。Python 的循环语句有两种:while 语句和 for 语句。

**1. while 语句**　当条件判断为真时,执行循环语句,当条件判断为假时结束循环,执行下一条语句。注意在循环的过程中,循环的判定条件是需要变化的,否则就会变成死循环,如代码中 $i <= 10$,在每次循环的过程中 $i$ 的值需要变化。

```
1.    In[7]: i = 1
2.    ...: while i <= 10:
3.    ...:     print(i, end = " ")
4.    ...:     i += 1
5.    ...:
6.    12345678910
```

**2. for 语句**　每次从容器中取出一个值赋值给变量,然后执行循环,直到容器的元素遍历完。下例中的 range(1, 11) 函数调用的参数中,1 表示从 1 开始,11 表示到 11 − 1 结束。

```
1.    In [8]: for i in range(1, 11):
2.    ...:         print(i, end = " ")
3.    ...:
4.    12345678910
```

## 动手练

1. 通过程序用户输入的三条边,计算三角形面积。首先需要判断三条边能否组成三角形,如果不能,屏幕输出"不能组成三角形",如果可以组成三角形,屏幕输出三条边的长度和三角形的面积。

2. 猜随机数,通过下面的代码可以生产一个随机数,现在需要让程序使用者不断猜这个随机数,直到程序结束,打印输出这个随机数和猜的次数,请通过循环的方式实现这个代码。

```
import numpy as np
prng = np.random.default_rng(seed = 5)

# 生成一个大于等于 5 小于 10 的随机数
x = prng.integers(low = 5, high = 10)
```

3. 输出乘法表,显然最核心的代码应该是:print(f"{i} * {j} = {i*j}")

$1 * 1 = 1$

$1 * 2 = 2 2 * 2 = 4$

$1 * 3 = 3 2 * 3 = 6 3 * 3 = 9$

$1 * 4 = 4 2 * 4 = 8 3 * 4 = 12 4 * 4 = 16$

$1 * 5 = 5 2 * 5 = 10 3 * 5 = 15 4 * 5 = 20 5 * 5 = 25$

$1 * 6 = 6 2 * 6 = 12 3 * 6 = 18 4 * 6 = 24 5 * 6 = 30 6 * 6 = 36$

$1 * 7 = 7 2 * 7 = 14 3 * 7 = 21 4 * 7 = 28 5 * 7 = 35 6 * 7 = 42 7 * 7 = 49$

$1 * 8 = 8 2 * 8 = 16 3 * 8 = 24 4 * 8 = 32 5 * 8 = 40 6 * 8 = 48 7 * 8 = 56 8 * 8 = 64$

$1 * 9 = 9 2 * 9 = 18 3 * 9 = 27 4 * 9 = 36 5 * 9 = 45 6 * 9 = 54 7 * 9 = 63 8 * 9 = 72 9 * 9 = 81$

# 项目二　组织程序和项目文件

PPT

**职业能力目标**

熟悉以函数的方式组织代码的作用。

掌握函数的定义、使用，包括递归函数；函数的参数传递；函数的全局变量和局部变量的概念与使用；模块和包的概念；用模块和包组织代码。

**典型工作任务**

在实际工作中，一个项目的代码量是很大的，如果以平铺直叙的方式写代码，常常会给代码的维护和修改带来麻烦，函数、模块、包就是划分代码的一种方式，通过这样的划分，可以让代码的问题局部化，修改一部分不会影响其他部分，如果函数能重用，则能提高效率，改善质量，函数、模块、包的划分方式也会让代码的阅读更加容易，而阅读和代码的维护是息息相关的，容易阅读的代码常常也是容易维护的。

# 任务一　模块化组织程序

## 一、函数

函数可以将一个代码块封装起来，并且给它一个名称。需要使用这个代码块时，就调用这个名称，同时将需要的数据传递给它。使用函数组织代码的优点如下。

（1）用函数封装代码块可以提高代码的可读性，降低代码维护成本。因为调用者不需要了解函数内部的逻辑，使得理解代码的难度降低。

（2）封装成函数可以提高某些经常用到的代码块的可重用性。如果在很多代码中重用某个函数，这个函数就会反复测试，函数内部代码的质量就会有保证。

函数的定义和使用方法：

```
1.    In[9]: def add(a,b):
2.    ...:     return a + b
3.    ...:
4.    ...: add(1,2)
5.    Out[9]: 3
```

定义函数的方法如代码第 1 行，def 是一个保留字，用于表明后面将定义一个函数；add 是函数名，(a,b) 表示函数的运行需要两个参数。大部分函数在 return 这一行前会有一些运算的代码，本例中 return a + b 表示这个函数返回 a + b 的结果。

定义函数的代码并不会在程序执行的过程中直接执行,函数需要被调用才能执行。函数调用的方法是:函数名(实际参数),如代码第 4 行:add 是函数名,(1,2) 是参数传递,作用是将数据对象 1 绑定在参数 a 上,将数据对象 2 绑定在参数 b 上,这样在函数运行的时候,a 的值就是 1,b 的值就是 2。在代码的第 5 行,看到了函数运行返回的结果,这就是 return 的作用。

## 二、函数的参数传递

**1. 参数传递时指定参数名**　如果函数定义了多个参数,调用函数时传递的参数,必须在数量上一致,并在位置上会按顺序一一对应。上面的加法函数中,只能传递两个参数,第一个只能给 a,第二个只能给 b。

但是如果传递参数时指定参数名,就不受顺序约束。name = "Zhang",prompt = "Hi" 指定了传递的参数名,这个时候就不受位置的约束了。

```
1.    In[1]: def say_hi(prompt,name):
2.       ...:      print(prompt,name)
3.       ...:
4.       ...: say_hi(name = "Zhang",prompt = "Hi")
5.    Hi Zhang
```

**2. 默认参数**　如果在函数定义时为某参数指定默认值,调用函数时,如果不为某参数传递数值,就会使用默认值。注意默认参数的位置要放在后面,因为参数位置的规则还是起作用的,如果放在前面,默认值会在传递时被覆盖。

```
1.    In[3]: def say_hi(name, prompt = "Hello"):
2.       ...:      print(prompt,name)
3.       ...:
4.       ...: say_hi("Zhang")
5.    Hello Zhang
6.
7.    In[4]: def say_hi(prompt = "Hello",name):
8.       ...:      print(prompt,name)
9.       ...:
10.      ...: say_hi("Zhang")
11.    Cell In[2], line 1
12.  def say_hi(prompt = "Hello",name):
13.                        ^
14.  SyntaxError: non-default argument follows default argument
```

**3. 数量可变参数**　可变参数就是在函数调用时可以传递数量不确定的参数,需要在定义时在参数前加一个 "*"。在下面的例子中,输入的多个参数 "1,2,3,4,5" 都被绑定在参数 x 上,事实上,可变参数 x 是个元组。

```
1.      In[4]: def sum_all(*x):
2.        ...:       s = 0
3.        ...:       for i in x:
4.        ...:           s += i
5.        ...:       return s
6.        ...:
7.        ...: sum_all(1,2,3,4,5)
8.      Out[4]: 15
9.
10.     In[5]: def sum_all(*x):
11.       ...:       return sum(x)
12.       ...:
13.       ...: sum_all(1,2,3,4,5)
14.     Out[5]: 15
```

**4. 可变关键字参数**　在参数传递时，需要传递数量不定的参数，每个参数需要以"关键字 = 值"的形式进行传递，就需要使用可变关键字参数，关键字（Key）和值（Value）就构成了键值对（Key - Value）。

```
1.      In[1]: def student(**s):
2.        ...:       for k in s:
3.        ...:           print(k,s[k])
4.        ...:
5.
6.      In[2]: student(name ='张三', age =19, gender ='男')
7.      name 张三
8.      age19
9.      gender 男
```

**5. 必须关键字参数**　传递参数时必须指定参数名被称为必须关键字参数（keyword - only arguments），这里的关键字其实就是参数名，和可变关键字参数的"关键字"含义有区别。在代码中 f 参数必须要用"f =3"这样的形式传递参数，也就是必须要有参数名，否则就会出错。

```
1.      In[5]: def multi_all(*n,f):
2.        ...:       t = []
3.        ...:       for x in n:
4.        ...:           t.append(x * f)
5.        ...:       return t
```

```
6.          ... :
7.
8.     In[6]: multi_all(1,2,3,4,5,f=3)
9.     Out[6]: [3, 6, 9, 12, 15]
10.
11.    In[7]: multi_all(1,2,3,4,5,3)
12.    Traceback(most recent call last):
13.
14.      Cell In[7], line 1
15.        multi_all(1,2,3,4,5,3)
16.
17.    TypeError: multi_all() missing 1 required keyword-only argument: 'f'
```

**6. 必须位置参数**　如果某些参数不允许用户使用关键字参数，只能使用位置参数，就需要在该参数后面加"/"。下面定义的 add 函数的参数 a 后面有一个"/"参数，这个参数的作用就是规定参数 a 只能以位置的方式传递（代码第 5 行），不能用关键字的方式传递（代码第 8 行）。

```
1.     In[8]: def add(a,/,b):
2.          ... :    return a + b
3.          ... :
4.
5.     In[9]: add(20,30)
6.     Out[9]: 50
7.
8.     In[10]: add(a=20,b=30)
9.     Traceback(most recent call last):
10.
11.      Cell In[10], line 1
12.        add(a=20,b=30)
13.
14.    TypeError: add() got some positional-only arguments passed as keyword
15.    arguments: 'a'
```

**7. 部分必须关键字参数**　如果想要让用户对某几个参数必须用关键字参数，就在必须用关键字的参数前加"*"参数。

```
1.     In[12]: def add(a,*,b):
2.          ... :    return a + b
3.          ... :
```

```
4.
5.    In[13]：add(1,b=2)
6.    Out[13]：3
7.
8.    In[14]：add(1,2)
      Traceback(most recent call last)：

        Cell In[14], line 1
          add(1,2)

      TypeError：add() takes 1 positional argument but 2 were given
```

## 三、局部变量和全局变量

定义在函数的内部或者函数的参数列表中变量，都是这个函数的局部变量，而在函数外声明的变量称为全局变量。在下面的 player_health 变量定义在函数的外部所以是全局变量，value 定义在函数的参数列表中，所以是局部变量。

```
1.    player_health = 100
2.
3.    #改变玩家的生命值
4.    def set_health(value)：
5.        global player_health
6.        player_health + = value
7.        if player_health <0：
8.            print("Game Over!")
```

全局变量在函数中是可以访问的，如果不是要在函数中修改全局变量 player_health，在上面代码的第5行，并不需要 global 关键字来声明全局变量，但是如果要在函数中修改全局变量，例如代码第6行，就必须要用 global 关键字声明。如果在函数中声明了和全局变量同名的局部变量，那么在函数内部，全局变量就不能再被引用了，这就是局部变量优先原则。

## 四、递归函数

当遇到一个规模庞大的问题时，人们的想法可能是如果规模小一点能解决吗？如果能解决，那么当前规模的问题也就比较容易解决了。10! 难以求解，但是如果知道 9! 是多少，那不就是再加个 0 的事吗？同样的方式，要知道 9! 可以先算 8!，这样层层分解，规模逐层减小，直到规模极小时可以直接给出结果。把这个思想写成函数，就是递归函数。下面的例子使用递归函数解决累加的问题。核心的代码就是第5行，将任务拆解成规模更小的问题。

```
1.    In[3]: def cumsum(n):
2.      ...:     if n = =1:
3.      ...:         return 1
4.      ...:     else:
5.      ...:         return n + cumsum(n-1)
6.      ...:
7.
8.    In[4]: cumsum(5)
9.    Out[4]: 15
```

# 任务二    程序项目的文档组织

## 一、模块和包

Python 的模块和包是用于组织和管理代码的文件结构。模块所对应的是包含 Python 代码的文件，而包所对应的是包含模块的目录，目录可以是多级的，相应的包就是多级的。用模块和包的方式管理项目中的程序文件，可以避免文件名称冲突的问题，以及满足开发人员对程序文件根据用途等分门别类的需要。

## 二、导入模块

导入模块使用 import 导入语句。例如，如果要使用数学模块，可以使用以下语句导入 Python 标准库中的 math 模块：

import math

导入 math 模块的结果其实是引入了名称 math，通过名称 math 就能使用 math 模块中定义的函数或变量，下面的代码计算 π 的正弦值，注意模块名和函数名之间有一个 ".", 表示 "math 模块中的 sin" 这样的约束。

```
1.    import math
2.    print(math. sin(3. 14))
```

如果只需要导入模块中的特定函数或变量，可以用类似 "from math import sin" 方法，这时候函数名 sin 就可以直接使用，不再需要 "math." 的限制。这样做的缺点是，如果要使用 math 模块中其他函数，就需要一一列举，另外也可能会产生名称冲突。

```
1.    from math import sin
2.    print(sin(3. 14))
```

Python 的标准模块库给 Python 的开发人员带来了极大的便利，可以帮助开发人员高效和简洁地完成各种任务。它提供了编程过程经常要用到，但是专业性极强的功能和工具，例如字符串处理、文件操作、网络通信、多线程处理、日期和时间处理等。

以下是一些常用的 Python 标准库模块。

- os 模块：提供了与操作系统相关的功能，例如文件和目录操作、进程管理、环境变量等。
- sys 模块：提供了与 Python 解释器和 Python 运行时环境相关的功能，例如命令行参数、标准输入输出、异常处理等。
- re 模块：提供了正则表达式相关的函数，可以进行字符串匹配、替换等操作。
- datetime 模块：提供了日期和时间相关的函数，例如日期和时间的计算、格式化、解析等。
- math 模块：提供了数学相关的函数，例如三角函数、指数函数、对数函数等。
- random 模块：提供了随机数相关的函数，例如生成随机数、随机序列、随机抽样等。
- collections 模块：提供了一些高级数据类型，例如命名元组、有序字典、计数器等。
- json 模块：提供了 JSON 格式的编码和解码函数。
- pickle 模块：提供了 Python 对象的序列化和反序列化函数。

除了这些常用的模块之外，Python 标准库还提供了许多其他的模块，如数据压缩、加密解密、XML 处理等。

## 三、创建模块

有时用户需要创建自己的模块，以便在另一个 Python 程序中重用代码。要创建模块，先创建程序文件，文件名其实就是模块名，假设命名为 mymodule. py，文件中包含的 Python 代码：

```
1.    def greet( )：
2.        print("吃了吗?")
```

然后在和 mymodule. py 文件同一目录下新建一个程序文件，文件中的内容为：

```
1.    import mymodule
2.
3.    mymodule. greet( )
```

执行这个程序就能调用 mymodule. py 文件中的 greet( ) 函数。

## 四、创建包

包是将程序文件（模块）分类的文件夹（目录）。要创建包，需要在文件夹中包含一个 __init__. py 文件，并将子包（次级的目录）或者模块放在该目录中。例如，下面的目录结构将创建一个名为 mypackage 的包，包中有两个模块：

```
mypackage
├──__init__. py
├──module1. py
└──module2. py
```

需要使用该包时，在另一个 Python 程序中用 import 语句导入该包，并使用 "." 运算符访问模块或子包。以下代码使用 mypackage 包中的 module1 模块。

```
1.       import mypackage. module1
2.
3.       mypackage. module1. greet( )
```

## 五、导入第三方模块

除了 Python 标准库之外，还有许多第三方模块可以使用。但使用前需要先在当前环境中安装第三方模块，由于本书的开发环境是 Anaconda，可以使用两种方法安装第三方模块：①使用 Anaconda 的包管理工具 conda 安装；②使用 Python 包管理工具 pip 来安装。例如，如果需要安装 numpy 模块，先点击如图 2-1 所示的 Anaconda Prompt。

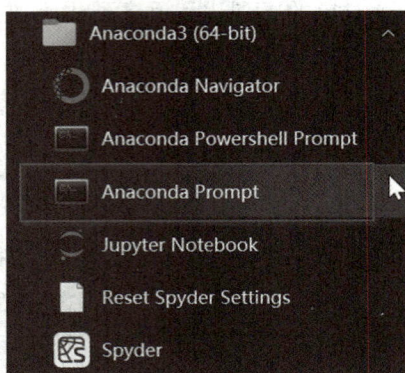

图 2-1    菜单 Anaconda Prompt 打开命令行窗口

然后在打开的命令行窗口中，输入安装模块的命令，如果用 conda，使用命令：

conda install - c anaconda numpy

如果用 pip，使用命令：

pip install numpy

安装完毕后，就可以使用 import 语句导入 numpy 模块，并使用其中函数和变量。以下代码将使用 numpy 模块中的 array 函数生成一个多维数组：

```
1.       import numpy as np
2.       x = np. array([1, 2, 3])
```

总之，Python 的模块和包是组织和管理代码的重要工具。使用模块前，需要先使用 import 语句导入模块和包，然后就可以用 "." 运算符访问模块和包中的函数和变量。除了 Python 标准库之外，还有许多第三方模块可以使用，可以使用 conda、pip 来安装模块。在数据分析中，需要用到许多第三方模块，例如 NumPy、Pandas 和 Matplotlib 等，理解模块和包的安装和使用，才能很好地利用这些工具。

## 动手练

1. 要求用递归函数实现，猴子第一天摘了若干个桃子，立即吃了一半，接着又多吃了一个；第二天，吃剩下的桃子的一半，又多吃了一个；以后每天都吃前一天剩下的一半多一个，到第 10 天想再吃时，只剩下一个桃子了。问第一天共摘了多少个桃子？

2. 模拟银行资金的计算。用模块和函数，来处理某企业的资金，资金余额 balance 应该是个全局变量，建立多个函数，要求能计算下面的问题，企业期初有余额 10000 元：

（1）成本开支 5000

（2）营业收入 7500

（3）计算增值税，营业收入的 6%

（4）计算所得税，利润的 20%

（5）查询期末还有多少钱

# 项目三　面向对象的程序设计

PPT

**学习目标**

**职业能力目标**

掌握 Python 类的定义、实例化等面向对象编程方法。

了解面向对象的概念；继承等面向对象概念。

**典型工作任务**

当面对一个比较复杂的问题的时候，可以将解决方案分解为函数，在此基础上来构造程序，会让代码的可读性、可维护性、可复用性提高，从而提高代码的质量，降低开发的成本。

但经验表明当所有的函数可以访问所有的数据的时候，代码之间的相互影响（耦合），会让程序开发、维护的复杂性大幅度提高。为了克服这个问题，软件工程的实践认为软件的模块应当高内聚，低耦合，于是面向对象编程就出现了。

面向对象的编程范式之所以流行的一个重要的原因是，现实世界就是由对象及对象协作来解决问题的，编程的风格和现实世界的形态、人类思维的方法一致，代码就比较容易被人类理解。而且，在工作中即使自己不去设计类，也不可避免地需要使用别人定义的类，从这个角度来说，了解面向对象编程依然是重要的。

## 任务　将概念设想投射到计算机中

### 一、类和对象

现实世界中有形或无形的事物，例如一件商品、一次购物，相对于人的认知来说都是对象。人类对这些事物的认知和描述需要构建概念，概念是对现实世界中一类对象抽象的结果，而概念在计算机程序中的对应物就是类，例如当人们观察了许多四足、能奔跑等特征的动物后，建立了概念"马"，马的内涵中有特征（四足等）和行为（能奔跑、行走），在程序中同样可以实现马这样的概念，被称为类，当然内涵的信息就更抽象了。现实世界的对象和计算机中运行的对象常常是一一对应关系，例如图书管理系统中，计算机程序中的图书对象有具体的书名、ISBN 编号等信息，就和图书馆中一本具体的书（现实世界的对象）对应。

### 二、面向对象编程

Python 是一种面向对象的编程语言，面向对象编程是一种编程范式，面向对象编程其实就是用程序模拟现实世界中对象和对象的协作，例如一次读者借书过程的程序，就是读者对象、书对象、管理员对象、书架对象等的一次交互协作过程。因为人类认识世界的方式就是面向对象的，所以面向对象的程序其实比较容易理解和阅读。面向对象编程的另一好处就是可以将程序划分为更小的模块，并在模块中同时封装数据和方法（函数），这些小模块之间只需要相互调用方法就可以完成交互，使其更易于维护和扩展。

在 Python 中可以使用 class 关键字来定义一个类，例如下面的代码定义了图书类，有五个实例属性：title、classification、out_time、borrower、return_time；有四个方法：_init_ 、checkout、return_book、_str_。

```
1.    In[1]: class Book：
2.    ...:     def __init__(self, title, classification)：
3.    ...:         self. title = title
4.    ...:         self. classification = classification
5.    ...:         # 下面的属性初始化时是空值
6.    ...:         self. out_time = None
7.    ...:         self. borrower = None
8.    ...:         self. return_time = None
9.    ...:
10.   ...:
11.   ...:     def checkout(self, borrower, out_time)：
12.   ...:         self. out_time = out_time
13.   ...:         self. borrower = borrower
14.   ...:
15.   ...:     def return_book(self, return_time)：
16.   ...:         self. return_time = return_time
17.   ...:
18.   ...:     def __str__(self)：
19.   ...:         return f'书名：{self. title}，分类：{self. classification}，
          借阅人：{self. borrower}，' + \
20.   ...:             f' 借阅时间：{self. out_time}，归还时间：{self. return_time}'
      ...:
```

在面向对象编程中，最重要的概念是类和对象（或称实例）。类包含了同类对象都有的属性和方法的定义，属性就是描述对象特征的数据，方法就是表征对象行为能力的函数。实例是类的具体化，例如馆藏书的类定义了书的标题、图书分类编号、被借阅的时间、借阅人、被归还的时间等属性，以及借阅、归还等方法，当"藏书类"产生实例时，所有的属性就有了具体的值，例如，书名：'Python 数据分析'，图书分类编号：'TP311. 561/100'等。

```
1.    In[2]: book = Book('Python 数据分析','TP311. 561/100')
2.
3.    In[3]: print(book)
```

```
4.      书名:Python 数据分析,分类:TP311. 561/100,借阅人:None,借阅时间:None,归还时
5.      间:None
6.
7.      In[4]:book. checkout('张三','20230426')
8.
9.      In[5]:print(book)
10.     书名:Python 数据分析,分类:TP311. 561/100,借阅人:张三,借阅时间:20230426,归还时
11.     间:None
12.
13.     In[6]:book. return_book('20230526')
14.
15.     In[7]:print(book)
16.     书名:Python 数据分析,分类:TP311. 561/100,借阅人:张三,借阅时间:20230426,归还时
17.     间:20230526
```

上面的代码第 1 行,生成了 Book 类的实例,方法就是"类名( )",接着自动调用了__init__方法,__init__方法是在基于类模板创建了对象实例后自动运行的,不需要程序员手动调用。代码第 3 行输出了实例的信息,自动调用了__str__方法。代码第 6 行调用了借书的方法,代码第 11 行调用了还书的方法。

## 三、实例和 self

如果从内存中的数据结构看,每个实例对象都会有对应的独立数据结构,类也是一个数据结构,并被所有的同类对象所共享。实例对象的数据结构中是没有方法对象的,只有一个方法名,所有的方法对象是在类的数据结构中,实例对象可以通过方法名访问类中的方法对象,如图 3 - 1 所示。

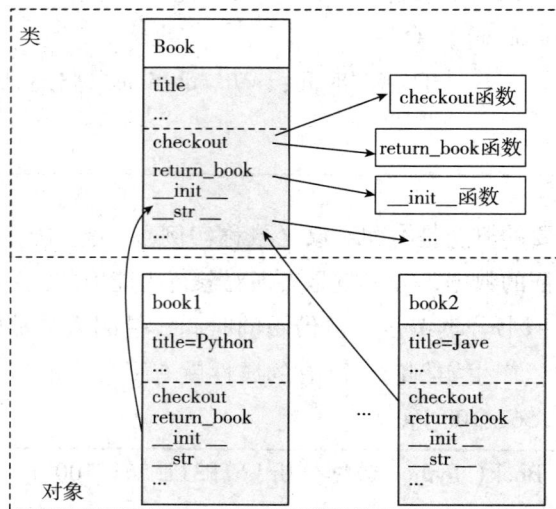

图 3 - 1    内存中类和实例

## 四、继承

\_\_init\_\_、\_\_str\_\_ 这两个方法的方法名称前后都有两个下划线，被称为专用方法（special method），这类方法都是从 Python 的根类 object 中继承过来的。前面定义 Book 类的代码，定义类名可以写成"class Book(object):"，也就是 object 是 Book 类的基类（父类），Book 类是 object 的派生类，object 中有的方法，Book 类自动都继承了。但是在 Book 类中重写了 \_\_init\_\_、\_\_str\_\_ 方法，这被称为覆盖，覆盖了基类的方法后，如果在 Book 类的实例中调用这两个方法，就会调用 Book 类的 \_\_init\_\_、\_\_str\_\_ 方法对象，而不是 object 的 \_\_init\_\_、\_\_str\_\_ 方法对象。没有覆盖的专用方法，还是会使用基类的方法，例如 \_\_repr\_\_ 也是 object 中的专用方法，Book 中没有覆盖，在 Book 的实例中调用这个方法，依然会用 object 中的 \_\_repr\_\_ 方法对象，如图 3-2 所示。

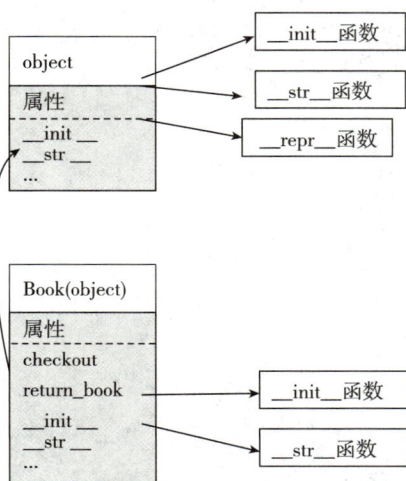

图 3-2　方法的覆盖

需要注意的是，在一个 Python 类中虽然可以定义两个名称一样的方法，但是实际上只有第二个定义的函数才会起作用。换句话说，Python 的类不支持重载。所谓重载就是在一个类中，方法名相同，但是参数不同，大多数面向对象的编程语言支持重载，但是 Python 的类名称空间中，方法只是一个名称，定义两个同名的方法，相当于给同一个名称绑定了两次方法对象，第二次绑定时，第一次的绑定的方法对象就解绑定了，在方法调用时，被绑定的方法对象被真正调用。

在 Python 中，各种数据类型、容器、函数等都是面向对象的，所以掌握面向对象编程是必不可少的。

## 动手练

编写一个名为 BankAccount 的银行账户类，具有以下属性和方法。

属性：

- account_number：表示账户号码的字符串
- balance：表示当前余额的浮点数

方法：

- deposit：将一定数量的钱存入账户
- withdraw：从账户中取出一定数量的钱
- get_balance：返回当前账户的余额

也可以自由添加其他方法或属性，以使银行账户更加真实。然后用这个类的实例，模拟使用银行服务的过程。

# 项目四　用容器管理和使用数据

PPT

## 学习目标

**职业能力目标**

掌握 Python 容器的相关操作的编程方法；可迭代对象、迭代器等概念；可迭代对象的函数式编程。

**典型工作任务**

数据结构和算法是程序设计的核心，数据分析编程工作的大部分时间就是和大量有结构的数据打交道，容器是 Python 原生提供的丰富的数据结构和与之匹配的算法，有了 Python 容器，用户可以只需要短暂地学习就可以高效处理大量的数据，而且代码可以写得很简洁。

## 任务一　理解容器数据类型

### 一、Python 的容器类型

Python 的数据类型可以分成数值类型和容器类型两种：数值类型有整数、浮点型、复数，另外布尔型也可以算是数值类型；最常用的容器类型有列表、元组、字符串和字典、集合等。容器类型的对象有些是可以修改的，有些是不能修改的，例如列表、字典、集合，容器中的元素是可以修改的。元组、字符串中元素是不能修改的，有些函数似乎可以修改字符串中的内容，但事实上并没有改变原字符串，修改结果是一个新产生的字符串（表 4 - 1）。

表 4 - 1　Python 的容器类型

| 容器类型 | 可否修改 | 元素有序 | 样例 |
|---|---|---|---|
| 列表（List） | 可 | 有序 | $[6, 2, 8]$ |
| 元组（Tuple） | 否 | | $(1, 2, 3, 4, 5)$ |
| 字符串（String） | 否 | | 'Python', "Python", '''Python''' |
| 字典（Dictionary） | 可 | 无序 | {'苹果': 12.00, '橘子': 6.00} |
| 集合（Set） | 可 | | {'List', 'Tuple', 'String'} |

### 二、容器类型对象的相关操作

容器类型就是把一系列数据组织成一个整体，并且提供一系列操作数据的函数，使得用户对容器中数据的操作变得容易。容器类型数据对象的操作内容包括：创建、索引、切片、使用函数、元素遍历等。

**1. 创建容器类型的对象有两种方法**　①直接用字面量定义；②使用和这个类型的名称一样的函数，从其他对象转换（表 4 - 2）。

表 4 - 2    创建容器类型对象的方法

| 容器类型 | 创建方法 1 | 创建方法 2 |
|---|---|---|
| 列表（List） | ns = [6, 2, 8] | ns = list(range(5)) |
| 元组（Tuple） | tp = (1, 2, 3) | tp = tuple([1, 3, 5]) |
| 字符串（String） | pl = 'Python' | s = str(12345) |
| 字典（Dictionary） | {'苹果': 12.00, '橘子': 6.00} | d = dict(zip('ab', [1, 2])) |
| 集合（Set） | {'List', 'Tuple', 'String'} | cs = set([1, 2, 3]) |

代码执行的示例如下：

```
1.      In[1]: ns = list(range(5))
2.
3.      In[2]: ns
4.      Out[2]: [0, 1, 2, 3, 4]
5.
6.      In[3]: tp = tuple([1,3,5])
7.
8.      In[4]: tp
9.      Out[4]: (1, 3, 5)
10.
11.     In[5]: s = str(12345)
12.
13.     In[6]: s
14.     Out[6]: '12345'
15.
16.     In[7]: d = dict(zip('ab',[1,2]))
17.
18.     In[8]: d
19.     Out[8]: {'a': 1, 'b': 2}
20.
21.     In[9]: cs = set([1,2,3])
22.
23.     In[10]: cs
24.     Out[10]: {1, 2, 3}
```

**2. 有序容器对象元素的获取**    有序容器中的每一个元素可以通过索引引用。索引的数值可以是正的也可以是负的，表示起点不同。

| 元素 | 'a' | 'b' | 'c' | 'd' | 'e' | 'f' | 'g' | 'h' |
|---|---|---|---|---|---|---|---|---|
| 正索引 | 0 | 1 | 2 | 3 | 4 | 5 | 6 | 7 |
| 负索引 | -8 | -7 | -6 | -5 | -4 | -3 | -2 | -1 |

如果字符串 a ='abcdefgh'，用正索引 a[3] 可以引用元素 'd'，用负索引 a[ -5] 也可以引用元素'd'。

```
1.    In[1]: s = "abcdefgh"
2.
3.    In[2]: s[6]
4.    Out[2]: 'g'
```

有序容器的切片。切片就是获得容器部分数据。

```
5.    In[3]: s[1:3]
6.    Out[3]: 'bc'
7.
8.    In[4]: s[0:5:2]
9.    Out[4]: 'ace'
```

s [0:5:2] 中三个数字的含义分别是：[开始索引：结束索引：步长值]，也就是从索引 0 开始，到索引 4 结束（注意不到 5），步长是 2 表示每取一个元素，索引值加 2。如果步长是负的，那就是从末端开始取数据，在下面代码的执行中可以看出，开始索引和结束索引也是逆向的。

```
10.   In[5]: s[ -1:0: -2]
11.   Out[5]: 'hfdb'
```

**3. 序列容器常见的运算** 可用于序列容器的常见的运算包括：[]、*、+、in、not in，方括号 [] 用于索引和切片，in、not in 用于判断某个元素是否在容器中。

```
1.    In[1]: w1 = ['Mon. ', 'Tue. ', 'Wed. ', 'Thur. ']
2.
3.    In[2]: w2 = ['Fri. ', 'Sat. ', 'Sun. ']
4.
5.    In[3]: week = w1 + w2
6.
7.    In[4]: week
8.    Out[4]: ['Mon. ', 'Tue. ', 'Wed. ', 'Thur. ', 'Fri. ', 'Sat. ', 'Sun. ']
9.
10.   In[5]: " = " * 30
11.   Out[5]: '══════════════════════════════'
12.
13.   In[6]: 'Wed. ' in week
14.   Out[6]: True
```

**4. 容器的常用函数**

（1）列表常用的函数 可以完成对列表的增、删、查、改的工作。

```
1.      In[1]: # 列表常用的函数
2.         ...: x = [1, 2, 3, 4, 5]
3.
4.      In[2]: # 添加元素
5.         ...: x.append(6)
6.
7.      In[3]: x
8.      Out[3]: [1, 2, 3, 4, 5, 6]
9.
10.     In[4]: # 在第一个参数指定的索引位加入元素
11.        ...: x.insert(3, 7)
12.
13.     In[5]: x
14.     Out[5]: [1, 2, 3, 7, 4, 5, 6]
15.
16.     In[6]: # 弹出指定位置的元素
17.        ...: x.pop(3)
18.     Out[6]: 7
19.
20.     In[7]: x
21.     Out[7]: [1, 2, 3, 4, 5, 6]
22.
23.     In[8]: # 弹出指定位置的元素
24.        ...: x.pop()
25.     Out[8]: 6
26.
27.     In[9]: x
28.     Out[9]: [1, 2, 3, 4, 5]
29.
30.     In[10]: # 移除某个数值
31.        ...: x.remove(4)
32.
33.     In[11]: x
34.     Out[11]: [1, 2, 3, 5]
35.
36.     In[12]: # 扩展列表
37.        ...: x.extend([9, 8, 7])
38.
39.     In[13]: x
```

```
40.        Out[13]: [1, 2, 3, 5, 9, 8, 7]
41.
42.        In[14]: # 某一元素出现的次数
43.          ...: x.count(8)
44.        Out[14]: 1
45.
46.        In[15]: # 某一元素的索引位置
47.          ...: x.index(8)
48.        Out[15]: 5
49.
50.        In[16]: # 排序
51.          ...: x.sort()
52.
53.        In[17]: x
54.        Out[17]: [1, 2, 3, 5, 7, 8, 9]
55.
56.        In[18]: # 逆排序
57.          ...: x.reverse()
58.
59.        In[19]: x
60.        Out[19]: [9, 8, 7, 5, 3, 2, 1]
61.
62.        In[20]: # 清除所有
63.          ...: x.clear()
64.
65.        In[21]: x
66.        Out[21]: []
```

（2）字符串常用的函数

1）字符串和数值之间的相互转换

```
1.        In[1]: n = int("12345")
2.          ...: price = float("2.71")
3.
4.        In[2]: n = 12345
5.          ...: name = "Agent " + str(n)
```

2）对字符串查找、替换、分割和合并的函数

```
1.    In[1]: xstr = "Programming is Fun. "
2.
3.    In[2]: xstr. find("Python")
4.    Out[2]: -1
5.
6.    In[3]: xstr. find("Programming")  # 类似 index 函数,但是找不到抛出 ValueError
7.    异常
8.    Out[3]: 0
9.
10.   In[4]: xstr. find("Fun")
11.   Out[4]: 15
12.
13.   In[5]: xstr. count('m')
14.   Out[5]: 2
15.
16.   In[6]: xstr. replace("Programming", "Python Programming")
17.   Out[6]: 'Python Programming is Fun. '
18.
19.   In[7]: xstr. split(" ")  #用空格作为分割的字符
20.   Out[7]: ['Programming', 'is', 'Fun. ']
21.
22.   In[8]: cl = ['a', 'b', 'c', 'd', 'e']
23.
24.   In[9]: ','. join(cl)
25.   Out[9]: 'a,b,c,d,e'
26.
27.   In[10]: xstr = "        Programming is Fun.        "
28.
29.   In[11]: xstr. strip()  # 删除了两边的空格
30.   Out[11]: 'Programming is Fun. '
```

（3）元组常用的函数 计数、定位。

```
1.    In[1]: ns = (1, 2, 3, 4, 5, 5, 5)
2.
3.    In[2]: ns. count(5)
4.    Out[2]: 3
5.
6.    In[3]: ns. index(3)
7.    Out[3]: 2
```

（4）字典常用的函数  用于获取字典的元素、所有的键、所有的值。

```
1.    In[1]: # 创建一个空字典
2.        ...: dictx = {}
3.
4.    In[2]: dictx['a'] = 100
5.        ...: dictx['b'] = 101
6.        ...: dictx['c'] = 102
7.
8.    In[3]: dictx.keys()
9.    Out[3]: dict_keys(['a', 'b', 'c'])
10.
11.   In[4]: dictx.values()
12.   Out[4]: dict_values([100, 101, 102])
13.
14.   In[5]: dictx.items()
15.   Out[5]: dict_items([('a', 100), ('b', 101), ('c', 102)])
16.
17.   In[6]: dicty = dictx.copy()
18.
19.   In[7]: dicty
20.   Out[7]: {'a': 100, 'b': 101, 'c': 102}
21.
22.   In[8]: dictx.get('a')
23.   Out[8]: 100
```

（5）集合常用的函数

```
1.    In[1]: set_x = {1, 2}
2.
3.    In[2]: set_x.add(3)
4.
5.    In[3]: set_x
6.    Out[3]: {1, 2, 3}
7.
8.    In[4]: set_x.update([4,5])
9.
10.   In[5]: set_x
```

| 11. | Out［5］：{1, 2, 3, 4, 5} |
| 12. | |
| 13. | In［6］：set_x. remove(1) |
| 14. | |
| 15. | In［7］：set_x |
| 16. | Out［7］：{2, 3, 4, 5} |
| 17. | |
| 18. | In［8］：set_y = {5,6,7,8} |
| 19. | |
| 20. | In［9］：set_x. union(set_y) |
| 21. | Out［9］：{2, 3, 4, 5, 6, 7, 8} |
| 22. | |
| 23. | In［10］：set_x \| set_y    # 等同并集 set_x. union(set_y) |
| 24. | Out［10］：{2, 3, 4, 5, 6, 7, 8} |
| 25. | |
| 26. | In［11］：set_x & set_y    # 等同交集 set_x. intersection(set_y) |
| 27. | Out［11］：{5} |
| 28. | |
| 29. | In［12］：set_y – set_x    # 等同差集 set_x. difference(set_y) |
| 30. | Out［12］：{6, 7, 8} |
| 31. | |
| 32. | In［13］：set_y. issubset(set_x) |
| 33. | Out［13］：False |

# 任务二　用容器管理数据

## 一、可迭代对象

容器的作用是批量管理大量的数据。之所以可以做到的原因是：列表、元组、字符串、字典，包括文件都是可迭代对象，可迭代对象意味着可以自动枚举容器中的每个元素。下面的 for each 方式的循环之所以可以做到，就是因为它们都是可迭代对象。

```
1.    #列表
2.    for i in［1, 2, 3, 4］:
3.        print(i),
4.    #字符串
5.    for c in "python":
```

```
6.          print(c)
7.      #字典
8.      for k in {"a": 1, "b": 2}:
9.          print(k)
10.     #文件
11.     for line in open("roll. txt"):
12.         print(line)
```

可迭代对象中有迭代器，__iter__()函数可以从可迭代对象中获得迭代器，有了迭代器就能用 __next__函数逐一枚举可迭代对象中的元素，如果容器中所有的元素都已经枚举了，就会抛出 StopIteration 异常。

```
1.      In[2]: #从一个 Iterable 对象获得 iterator 对象,然后用 next()枚举成员
2.      ...: aniterator = iter([1,2])
3.      ...: #通过 next()函数枚举
4.      ...: print(next(aniterator))
5.      ...: #或者
6.      ...: print(aniterator. __next__())
7.      ...: #枚举完最后一个,抛出异常 StopIteration
8.      ...: next(aniterator)
9.      1
10.     2
11.     Traceback(most recent call last):
12.
13.     Cell In[2], line 8
14.         next(aniterator)
15.
16.     StopIteration
```

最简单的实现可迭代对象的方法是采用推导式。例如，如果要创建一个包含 50 以内奇数的列表，可以用下面的方法，列表是可迭代对象。

```
1.      #包含 50 以内奇数的列表
2.      odds = []
3.      for i in range(51):
4.          if i%2! =0:
5.              odds. append(i)
```

但是如果用列表推导式只需要一行代码。

```
1.        In[1]: odds =[i for i in range(51) if i%2!=0]
2.
3.        In[2]: odds
4.        Out[2]:
5.        [1,
6.         3,
7.         ...
8.         47,
9.         49]
```

字典和集合也可以使用推导式构建。

```
1.        In[3]: dx ={chr(x): x for x in range(65,91)}
2.
3.        In[4]: dx
4.        Out[4]:
5.        {'A': 65,
6.         'B': 66,
7.         ...
8.         'X': 88,
9.         'Y': 89,
10.        'Z': 90}
11.
12.        In[5]: sa ={chr(x) for x in range(97,123)}
13.
14.        In[6]: sa
15.        Out[6]:
16.        {'a',
17.         'b',
18.         ...
19.         'x',
20.         'y',
21.         'z'}
```

## 二、支持可迭代对象的内置函数

Python 有很多内置函数，所谓内置函数就是不需要引入（import）就可以使用的函数。可以用下面的方法查看有哪些内置函数，以及如何使用。

```
1.      In[2]: dir(__builtins__)
2.      Out[2]:
3.      [...
4.      'abs',
5.      ...
6.      'tuple',
7.      'type',
8.      'vars',
9.      'zip']
10.
11.     In[3]: help(sum)
12.     Help on built - in function sum in module builtins:
13.
14.     sum(iterable, /, start = 0)
15.         Return the sum of a 'start' value(default: 0) plus an iterable of numbers

16.         When the iterable is empty, return the start value.
17.         This function is intended specifically for use with numeric values and
18. may
19.         reject non - numeric types.
```

内置函数支持可迭代对象作为函数的参数，极大简化了运算的代码，具体如下。

（1）对列表求和

```
1.      In[5]: sum(x for x in range(101) if x%2! = 0)
2.      Out[5]: 2500
```

（2）求列表的最大值、最小值

```
1.      In[7]: max([3,1,2,6,5])
2.      Out[7]: 6
3.
4.      In[8]: min([3,1,2,6,5])
5.      Out[8]: 1
```

Python 中还有可接收函数作为参数的函数，这样的函数称为高阶函数。结合可迭代对象，可以写出简洁而功能强大的程序，仿佛将一个函数自动应用于容器的每个对象，通过这些函数可以避免用循环来处理大量数据。map、reduce、filter、sorted 函数就是这样的函数。

```
1.      In[1]: # 用匿名函数求两个列表的和
2.      ...: list(map(lambda x,y:x + y,[1,2,3,4,5],[6,7,8,9,10]))
3.      Out[1]: [7, 9, 11, 13, 15]
```

```
4.
5.    In[2]: # 累加((((((((((1+2)+3)+4)+5)+6)+7)+8)+9)+10)
6.       ...: from functools import reduce
7.       ...: reduce(lambda x, y: x+y, [1, 2, 3, 4, 5])
8.    Out[2]: 15
9.
10.   In[3]: # 100 以内的偶数
11.      ...: list(filter(lambda x: x%2 == 0, range(101)))
12.   Out[3]:
13.   [0,
14.    2,
15.    4,
16.    6,
17.    ...
18.
19.   In[4]: a = [5, 7, 6, 3, 4, 1, 2]
20.      ...: b = sorted(a) #原列表不改变
21.
22.   In[5]: a
23.   Out[5]: [5, 7, 6, 3, 4, 1, 2]
24.
25.   In[6]: b
26.   Out[6]: [1, 2, 3, 4, 5, 6, 7]
```

## 动手练

1. 创建一个包含 1 到 10 的整数的列表，并输出最大值和最小值。可以使用 max、min 内置函数。

2. 输入一个包含了大写字母的字符串，编程将字符串转换为小写，并输出结果。

3. 将一个字符串转变成包含字符串中所有字符的列表，例如："abc" → ['a', 'b', 'c']。

4. 创建一个包含重复数字的集合，并输出去重后的结果。

5. 将列表中 [1, 2, 3, 4, 5] 的所有数字的平方求和，要求使用 map 函数和匿名函数。

6. 将字符串"abc, def, ghi"，分割成列表 ['abc', 'def', 'ghi']。

7. 将字符串列表，例如 ['abc', 'def', 'ghi']，连接成一个字符串，使用 join 函数将一个字符串列表连接成一个字符串。

# 项目五　在文件中存取数据

## 学习目标

### 职业能力目标

掌握文件读写的编程方法；文件随机访问相关的函数的使用。

了解文件的存储和打开、关闭的含义。

### 典型工作任务

用程序处理文本文件是数据分析编程经常遇到的场景。文本文件十分常见，除了文本编辑器创建的文件外，系统的配置文件、程序文件、网页、日志、CSV、TSV 等都是文本文件。文本文件的内容是字符，前面学到的字符串包含的内容也是字符。字符有很多编码方式，例如英语使用的是 ASCII 编码，中文常用的是 GBK，包含世界上所有语言字符的标准是 unicode，UTF－8 是 unicode 常用的编码方式。当然除了文本文件，Python 程序也可以存取二进制的文件，图片文件、编译过的可执行程序等是二进制文件。

## 任务一　打开和关闭文件

如果要读写某个文件，需要先打开某个文件，所谓打开文件就是建立了访问磁盘文件的操作所需要的某种结构。而关闭文件就是将这个结构拆除。当然，用户不需要了解这个结构，只需要在开始使用文件前用 open( ) 打开文件，在使用完文件后用 close( ) 函数关闭文件。不用 close( ) 函数关闭文件，可能造成的后果是在文件缓冲区中的文件修改内容，可能没有回写到磁盘。

```
1.        In[8]：in_file = open("namelist. txt" ,'r', encoding ='utf－8')
2.
3.        In[9]：in_file. readline( )
4.        Out[9]：'张三\n'
5.
6.        In[10]：in_file. close( )
7.
8.        In[11]：out_file = open('a. txt','w')
9.
10.       In[12]：out_file. write("aaaaaaaaaaaaaaaaaaaaaaaaaaaa")
11.       Out[12]：28
12.
13.       In[13]：out_file. close( )
```

open 函数的参数很多：

---

open(file, mode = 'r', buffering = -1, encoding = None, errors = None, newline = None, closefd = True, opener = None)

---

大部分都有默认值，不需要设定。经常用到的参数如下。

file：设置需要打开文件的路径和文件名。

mode：打开文件的模式，例如：读、写、可读可写，以及初始的读写位置等。

encoding：文件的编码。

mode 的可选设置见表 5 - 1。

表 5 - 1　mode 的可选设置

| 设置 | 作用 |
| --- | --- |
| r | 默认设置，为读打开文件 |
| w | 为写打开文件，如 file 参数指定的文件不存在，就创建文件。如文件已经存在，文件中的现有内容会被删除 |
| x | 为写新建一个文件 |
| a | 为写打开文件，如果文件中原来有内容，添加在文件的末尾 |
| b | 打开二进制文件 |
| t | 默认设置，打开文本文件 |
| + | 可读、可写，r +，w + |

# 任务二　读写文件

在前面的任务中，在打开文件的同时也完成了简单读写工作。读文件使用 readline( ) 函数，写文件使用了 write( ) 函数。当一个文件被打开后，仿佛形成了用户程序和文件之间的读写"流"，"流"的特点就是本次读写动作会移动下次读写的位置，也就是如果本次读了 10 个字符，下一次会从这 10 个字符后面的位置开始读写。如果打开的是文本文件，形成的是字符流，如果打开的是二进制文件，形成的是字节流，字符流和字节流的区别是读写一个单位时，前者是一个字符，后者是一个字节。与读写文件相关的函数见表 5 - 2。

表 5 - 2　与读写文件相关的函数

| 方法 | 含义 |
| --- | --- |
| flush( ) | 冲刷缓冲区，缓冲区改写的内容将被同步到磁盘 |
| read(n) | 从文件中最多读取 n 个字节/符，read( ) 从当前位置一直读到末尾 |
| readline( ) | 从文件读取并返回一行 |
| readlines( ) | 从文件读取并返回行列表 |
| seek(offset, whence) | 改变读写的位置，offset 是偏移量，whence 是当前位置，用 0，1，2 分别表示开始，当前，末尾，seek(10, 0) 表示从文件开始位置偏移 10 字符/字节；如果以文本方式打开，就只允许从文件开始位置偏移 |
| tell( ) | 返回当前文件位置 |
| truncate( ) | 文件当前位置后面的部分都会被删除 |
| write(t) | 字符串 t 写到文件并返回写入的字符数 |
| writelines(ls) | 将列表中内容写到文件 |

如果有一个记录订单数据的 csv 文件（salesdata.csv），格式如表 5-3，第 3 列是购买的数量，第 4 列是价格。读入该文件，将价格和数量相乘得到销售小计金额，然后将所有销售小计金额合计成销售金额。另外计算第 6 列的合计，也是销售金额合计，将结果输出到另外一个文件。探查数据，会发现有些记录第 3、4 列的数据相乘并不等于第 6 列，需要将这些数据找出来。

表 5-3 订单数据文件格式

| 订单号 (ORDERNUMBER) | 产品编码 (PRODUCTCODE) | 销售数量 (QUANTITYORDERED) | 单价 (PRICEEACH) | 明细行号 (ORDERLINENUMBER) | 余额 (SALES) | 订单日期 (ORDERDATE) |
|---|---|---|---|---|---|---|
| 10107 | S10_1678 | 30 | 95.7 | 2 | 2871 | 2/24/2003 0：00 |
| 10121 | S10_1678 | 34 | 81.35 | 5 | 2765.9 | 5/7/2003 0：00 |
| 10134 | S10_1678 | 41 | 94.74 | 2 | 3884.34 | 7/1/2003 0：00 |
| 10145 | S10_1678 | 45 | 83.26 | 6 | 3746.7 | 8/25/2003 0：00 |

下面的代码可以实现这样的要求，读入一行使用 readline() 函数，如果不是空行就是逻辑真，代码 27 行判断第 3、4 列的数据相乘是否等于第 6 列。

```
1.    # -*-coding：utf-8-*-
2.
3.    # 由用户输入文件名
4.    infilename = input("请输入数据文件名:")
5.    outfilename = input("请输入数据文件名:")
6.
7.    # 打开文件
8.    infile = open (infilename,'r',encoding ='utf-8')
9.    outfile = open (outfilename,'w',encoding ='utf-8')
10.
11.   total = 0
12.   sales_total = 0
13.   line_number = 0
14.
15.   # 第一行是标题
16.   line = infile.readline()
17.   # 第二行是数据
18.   line = infile.readline()
19.
20.   while line：
21.       subtotal = 0
22.       line_number + = 1
23.       # 将行中字段分割出来
24.       columns = line.split(",")
25.       subtotal = float(columns[2]) * float(columns[3])
```

```
26.              # 找出小计和 sales 字段不相等的记录,打印出来
27.              if ( abs( subtotal - float( columns[5] ) ) ) > 1 :
28.                  outfile. write( f"{line_number}: {float( columns[2] )}
         {float( columns[3] )} not equal {columns[5]}\n" )
29.              # 计算合计
30.                  total += subtotal
31.                  sales_total += float( columns[5] )
32.              #下一条记录
33.                  line = infile. readline( )
34.
35.          # 输出合计
36.          outfile. write( "=" * 50 )
37.          outfile. write( f" \n\t {total} {sales_total}" )
38.
39.          infile. close( )
40.          outfile. close( )
```

由于文件是可迭代对象,所以代码可以简化成下面这样,使用 for line in infile 的方式循环。

```
1.          # -*-coding:utf-8-*-
2.
3.          # 由用户输入文件名
4.          infilename = input( "请输入数据文件名:" )
5.          outfilename = input( "请输入数据文件名:" )
6.
7.          # 打开文件
8.          infile = open( infilename, 'r', encoding ='utf-8' )
9.          outfile = open( outfilename, 'w', encoding ='utf-8' )
10.
11.
12.         total = 0
13.         sales_total = 0
14.         line_number = 0
15.
16.         # 第一行是标题
17.         infile. readline( )
18.
19.         for line in infile:
20.             subtotal = 0
```

```
21.            line_number + = 1
22.            # 将行中字段分割出来
23.            columns = line. split(",")
24.            subtotal = float(columns[2]) * float(columns[3])
25.            # 找出小计和 sales 字段不相等的记录,打印出来
26.            if (abs(subtotal - float(columns[5]))) >1:
27.                outfile. write(f"{line_number}:{float(columns[2])}
     {float(columns[3])} not equal {columns[5]}\n")
28.            # 计算合计
29.            total + = subtotal
30.            sales_total + = float(columns[5])
31.
32.        # 输出合计
33.        outfile. write(" = " * 50)
34.        outfile. write(f"\n\t {total} {sales_total}")
35.
36.        infile. close()
37.        outfile. close()
```

# 任务三　随机访问

前面的例子中，文件的每次访问位置都是从前向后顺序进行的，如果需要随机改变读写的位置，就要用到随机访问方式。要移动读写的位置需要用到两个函数：seek() 和 tell()，前者将读写的位置移动到设定的值；后者获取当前位置。

下面的案例中，需要在电话号码本中查找某人的电话，由于需要反复查找不同人的姓名，所以每次查找前，都需要 seek(0，0)，就是把读写的位置放在文件开始的位置。

```
1.        # - * - coding：utf - 8 - * -
2.
3.        def get_phone(namelist_file, name):
4.        # 将读写位置重置为文件开始位置4
5.            namelist_file. seek(0,0)
6.
7.        for line in namelist_file:
8.        # find 函数返回匹配字符串的位置,如果没有匹配的返回 -1
9.                loc = line. find(name)
10.        if loc! = -1:
11.                    phone = line[loc + len(name) + 1:]
12.        return phone
```

```
13.
14.    if __name__ == "__main__":
15.        # 由用户输入文件名
16.        list_file_name = input("请输入名单文件:")
17.        # 打开文件
18.        list_file = open(list_file_name, 'r', encoding = 'utf-8')
19.        # 输出电话
20.        print('Adelyn Morales', ":", get_phone(list_file, 'Adelyn Morales'))
21.        print('Alyson Buck', ":", get_phone(list_file, 'Alyson Buck'))
22.        list_file.close()
```

在上面的案例中，仅仅是读取了其中的数据，如果要修改数据，就可能需要用到 tell() 、truncate() 函数，tell() 函数获取当前的读写位置，truncate () 函数用于删除当前位置到文件结束的内容。

## 动手练

有一个二手车数据的 csv 文件，文件的内容是：

```
Car, Model, Volume, Weight, CO2
Toyoty, Aygo, 1000, 790, 99
Mitsubishi, Space Star, 1200, 1160, 95
Skoda, Citigo, 1000, 929, 95
Fiat, 500, 900, 865, 90
Mini, Cooper, 1500, 1140, 105
VW, Up!, 1000, 929, 105
Skoda, Fabia, 1400, 1109, 90
Mercedes, A-Class, 1500, 1365, 92
Ford, Fiesta, 1500, 1112, 98
Audi, A1, 1600, 1150, 99
Hyundai, I20, 1100, 980, 99
```

编写程序读入这个文件，把数据转换成二维的列表，类似下面的样子。
```
[
[Car, Model, Volume, Weight, CO2],
[Mitsubishi, Space Star, 1200, 1160, 95],
...
]
```

# 项目六　用正则表达式处理大量文本数据

PPT

**学习目标**

**职业能力目标**

掌握正则表达式的编程。

了解正则表达式的含义。

**典型工作任务**

正则表达式在实际工作中有很多应用场景，例如：文本处理，如提取文本中的某些信息、替换文本中的某些内容等；数据验证，正则表达式可以用来验证用户输入的数据是否符合规定，如验证邮箱格式是否正确、身份证号码是否正确等；数据分析，例如从大量文本中提取出某些关键词、分析文本情感等；自动化工具，如自动备份文件、自动发送邮件等。所以用正则表达式处理文本是数据分析常用的技能。

## 任务一　正则表达式的编写

正则表达式是一个字符串，其实表达的是一个文本模式，例如电子邮箱地址可以用正则表达式表示为：r'[\w−]+@[\w−]+(\.[\w−]+)+'，这个字符串实际上表达了一个规则，所有合法的电子邮件地址都必然符合这个规则，所有不符合这个规则的字符串都不是合法的邮件地址。正则表达式字符串前面的字母"r"的含义是：在字符串中的反斜杠"\"用于转移字符，但如要输出"\"，需要写成"\\"，有了r前缀就不需要这样做了。下面代码示例的第5行和第8行得到的结果是一样的。

```
1.    In[1]: print("regular \nexpression")
2.    regular
3.    expression
4.
5.    In[2]: print("regular \\nexpression")
6.    regular \nexpression
7.
8.    In[3]: print(r"regular \nexpression")
9.    regular \nexpression
```

正则表达式由普通字符、转义字符和元字符构成：普通字符就是可以用键盘直接输入的字符，如数字、英文字母等；转义字符就是普通字符转义为其他含义，如"\d"表示0~9这十个数字中的任意一个；元字符是正则表达式语法规定的表示特殊含义的字符，表6−1中列举了元字符和含义。

表 6 − 1　正则表达式的元字符

| 元字符 | 含义 | 表达式 | 匹配的字符串 |
|---|---|---|---|
| ^ | 一行的开始 | ^abc | abc, abcdefg, abc123, … |
| $ | 行的结束 | abc $ | abc, whereisabc, 123abc, … |
| . | 任意字符（除换行符 \ n） | a. c | abc, aac, acc, adc, aec, … |
| \| | 可选 | Python \| Java | Python, Java |
| {n} 或 {n, m} | 数量标记 | ab{2}c;<br>ab{2, 4}c | 前者匹配 abbc；后者匹配 abbc, abbbc, abbbbc |
| [...] | 可供匹配的字符集 | a[bB]c | abc, aBc；^表示否，例如 [^aeiou]，连字符 [0 −9a −fA −F] |
| (...) | 表达式中的逻辑分组单元 | (abc){2} | abcabc |
| * | 前一字符重复 0 到多次 | ab * c | ac, abc, abbc, abbbc, … |
| + | 前一字符重复 1 到多次 | ab + c | abc, abbc, abbbc, … |
| ? | 前一字符重复 0 到 1 次； | ab? c | ac, abc<br>注意：在 *、?、+、{n, m} 后面加上? 变成懒惰模式 |

表 6 − 2 中列举了正则表达式的转义字符。

表 6 − 2　正则表达式的转义字符

| 转义字符 | 含义 |
|---|---|
| \n | 如果正则表达式中有分组，那么：用\1 引用第 1 组，用\2 引用第 2 组 |
| \A \Z | \A 匹配字符串的开始，\Z 匹配字符串的结束<br>对于字符串 "abc abc"，正则表达式 r'abc \ Z' 匹配的是最后的 abc |
| \b | 匹配非字母或数字<br>r'\ babc \ b' 匹配'abc'、'abc. '、'(abc) '、'x abc y' 中的 abc，但不匹配'abcx'、'abc3 ' |
| \B | 匹配字母或数字<br>r'exp\B' 匹配' expression'、'exp3 '中的 exp，但不匹配' exp'、'exp. '、'exp! '中的 exp |
| \d | 匹配数字，相当于 [0 −9] |
| \D | 排除数字，相当于 [^0 −9] |
| \s | 匹配空白字符，相当于[ \t\n\r\f\v ] |
| \S | 排除空白字符，相当于 [^\f\n\r\t\v ] |
| \w | 匹配字母、数字、下划线，相当于[a −zA −Z_0 −9] |
| \W | 排除任意字母、数字、下划线，相当于 [^a −zA −Z_ 0 −9] |

了解了上面的规则后，来回顾一下电子邮箱地址的正则表达式：r'[ \w − ] + @ [ \w − ] + ( \. [ \w − ] + ) +'，其中开始的[ \w − ] +表示若干个字母、数字、下划线、减号构成的邮件用户名、地址组成部分，@ 是普通字符，( \. [ \w − ] + ) +表示类似 ".163"".com" 这样的地址组成部分。

# 任务二　使用正则表达式的函数

在 Python 中可以使用正则表达式模块中的函数完成查找、替换、分割等工作。

## 一、查找功能的函数

完成查找功能的函数见表6-3，这些函数的参数都是（pattern，string，flags=0），其中pattern是正则表达式，string是被查找的字符串，flags是可选的标记。

表6-3　完成查找功能的函数

| 函数 | 描述 |
|---|---|
| re. search( ) | 查找匹配项 |
| re. match( ) | 在字符串开头位置查找匹配项 |
| re. fullmatch( ) | 查找字符串完全匹配项 |
| re. findall( ) | 得到字符串中匹配项的列表 |
| re. finditer( ) | 得到从字符串匹配项的迭代器 |

下面是这些函数的使用场景：

```
1.    In[1]：import re
2.
3.    In[2]：re. search('\w +', 'abc123abc123 ')
4.    Out[2]： < re. Match object；span = (0，12)，match ='abc123abc123 '>
5.
6.    In[3]：re. search('[a - zA - Z] +', 'abc123abc123 ') #只能匹配一次
7.    Out[3]： < re. Match object；span = (0，3)，match ='abc '>
8.
9.    In[5]：re. match('\d +', 'abc123abc123 ')    # 不是以数字开头的,所以无匹配
10.
11.   In[6]：re. match('[a - z] +', 'abc123abc123 ') # 以 abc 开头的,所以匹配
12.   Out[6]： < re. Match object；span = (0，3)，match ='abc '>
13.
14.   In[9]：re. fullmatch('[a - z] +', 'abc ') # 必须完全匹配,字符串是 abc123 就不匹配了
15.   Out[9]： < re. Match object；span = (0，3)，match ='abc '>
16.
17.   In[10]：re. findall('[a - z] +', 'abc123abc123 ') # 返回匹配的列表
18.   Out[10]： ['abc ', 'abc ']
19.
20.   In[11]：itr = re. finditer('[a - z] +', 'abc123abc123 ') # 返回匹配的列表
21.
22.   In[12]：next( itr)
23.   Out[12]： < re. Match object；span = (0，3)，match ='abc '>
24.
25.   In[13]：next( itr)
```

```
26.    Out[13]：< re. Match object；span = (6，9)，match ='abc'>
27.
28.    In[14]：next(itr)
29.    Traceback(most recent call last)：
30.
31.       Cell In[14]，line 1
32.         next(itr)
33.
34.    StopIteration
```

search 和 match 函数的返回结果是 match object，通过这个对象的函数可以获取匹配结果的细节（表 6 - 4）。

表 6 - 4　匹配对象的可用函数

| 函数 | 描述 |
| --- | --- |
| group([n]) | group() 得到全组，group(1) 返回第 1 组，group(1，2) 返回第 1，2 组 |
| groups() | 返回包含所有匹配的分组字符串的元组 |
| start() | 匹配的开始位置 |
| end() | 匹配的结束位置 |
| span() | 返回开始位置和结束位置组成的元组 |

下面就是通过这些函数从 match object 获得相关数据的代码：

```
1.     In[1]：import re
2.
3.     In[2]：match_object = re. search('([a-zA-Z] + )(\d + )([a-zA-Z] + )(\d + )',
       'abc123abc123')
4.        `
5.     In[3]：match_object. group()
6.     Out[3]：'abc123abc123'
7.
8.     In[4]：match_object. group(0)
9.     Out[4]：'abc123abc123'
10.
11.    In[5]：match_object. group(1)
12.    Out[5]：'abc'
13.
14.    In[6]：match_object. group(2)
15.    Out[6]：'123'
16.
17.    In[7]：match_object. group(3)
```

18.　　　Out[7]：'abc'

19.

20.　　　In[8]：match_object.groups()

21.　　　Out[8]：('abc','123','abc','123')

22.

23.　　　In[9]：match_object.start()

24.　　　Out[9]：0

25.

26.　　　In[10]：match_object.end()

27.　　　Out[10]：12

28.

29.　　　In[11]：match_object.span()

30.　　　Out[11]：(0,12)

## 二、替换功能的函数

字符串是不可更改的序列，所谓的替换其实会产生新的字符串，替换函数如下（表6-5）。

表6-5　替换函数

| 函数 | 描述 |
| --- | --- |
| sub() | 将匹配部分替换为指定的替换字符串，并返回替换后的字符串 |
| subn() | 返回替换后的字符串和替换次数组成的元组 |

下面替换函数使用样例：

1.　　　In[12]：re.sub('#',',','abc#123#abc#123')

2.　　　Out[12]：'abc,123,abc,123'

3.

4.　　　In[13]：re.sub('#',',','abc#123#abc#123',count=2)

5.　　　Out[13]：'abc,123,abc#123'

6.

7.　　　In[14]：re.subn('#',',','abc#123#abc#123')

8.　　　Out[14]：('abc,123,abc,123',3)

9.

10.　　　In[15]：re.subn('#',',','abc#123#abc#123',count=2)

11.　　　Out[15]：('abc,123,abc#123',2)

## 三、分割功能的函数

正则表达式也可以用于分割字符串，函数的第一个参数是正则表达式，第二个是需要被分割的字符串：

```
1.      In[16]: re.split('#', 'abc#123#abc#123')
2.      Out[16]: ['abc', '123', 'abc', '123']
3.
4.      In[17]: re.split('#', 'abc#123#abc#123', maxsplit=2)
5.      Out[17]: ['abc', '123', 'abc#123']
```

## 四、编译正则表达式

可以用 compile 函数获得正则表达式模式对象，查找、替换等函数的使用和前面基本相同。

```
1.      In[19]: pattern = re.compile('([a-zA-Z]+)(\d+)([a-zA-Z]+)(\d+)')
2.
3.      In[20]: pattern.search('abc123abc123')
4.      Out[20]: <re.Match object; span=(0, 12), match='abc123abc123'>
5.
6.      In[21]: pattern.search('abc123abc123').groups()
7.      Out[21]: ('abc', '123', 'abc', '123')
```

## 五、flags 参数

正则表达式的相关函数可以使用 flags 参数获得额外的功能，参数可能设置值如表 6-6 所示，参数有缩写方式。

表 6-6    flags 参数设置

| 参数可用值 | 缩写 | 影响 |
|---|---|---|
| re.IGNORECASE | re.I | 字符的匹配忽略大小写 |
| re.MULTILINE | re.M | 让^和 $ 在多行起作用，不受 \ n 的限制 |
| re.DOTALL | re.S | "."匹配任一字符，包括换行符 |
| re.VERBOSE | re.X | 允许在正则表达式中包含空格和注释 |
| re.ASCII | re.A | 正则表达式不适用 unicode 字符 |

在下面第 3 行的例子中，只能匹配小写的"abc"，第 4 行代码 flags 参数设置成 re.I，就能忽略大小写匹配"ABC"，代码第 9 行只能匹配"ABC"，因为字符串"ABC\nabc"中间有换行"\n","^abc"中的"^"只能匹配开头，但是第 12 行设置了 re.I | re.M,"^"可以在多行起作用。

```
1.      In[1]: import re
2.
3.      In[2]: re.search("abc", "ABCabc")
4.      Out[2]: <re.Match object; span=(3, 6), match='abc'>
```

```
5.
6.    In[4]: re. search("abc","ABCabc",re. I)
7.    Out[4]: < re. Match object; span = (0,3), match = 'ABC'>
8.
9.    In[5]: re. findall("^abc","ABC\nabc",flags = re. I)
10.   Out[5]: ['ABC']
11.
12.   In[6]: re. findall("^abc","ABC\nabc",flags = re. I|re. M)
13.   Out[6]: ['ABC', 'abc']
```

# 任务三　处理大量文本数据的实例

在下面的例子中将用正则表达式提取网页中的图片的 URL 地址。

1. 网页文件来自一个无版权图片的网站，文件名为"Pixabay. htm"，用文本编辑器该文件，发现图片的链接地址是这样的：

https://cdn. pixabay. com/photo/2023/06/12/01/22/lotus − 8057438_640. jpg

https://cdn. pixabay. com/photo/2023/06/12/01/22/lotus − 8057438_1280. jpg

https://cdn. pixabay. com/photo/2022/06/07/14/15/food − 7248455_640. png

https://cdn. pixabay. com/photo/2022/06/07/14/15/food − 7248455_1280. png

2. 探查、构建匹配这些链接的正则表达式

https://cdn\. pixabay\. com/photo/. + ?\. (jpg|png)

解释：

\. ：由于点"." 这个字符可以匹配任意字符，当需要匹配"." 时，需要转义。

. + ?：. +匹配所有字符，后面的? 跟在表示数量的 + 后面，表示懒惰模式，即匹配尽可能少。

(jpg| png)：表示扩展名可以是 jpg 或者 png。

3. 读取网页文件，用正则表达式提取所有的链接，输出到"image_ urls. txt" 文件中，代码如下：

```
1.    # − * − coding: utf − 8 − * −
2.
3.    import re
4.
5.    infile = open("Pixabay. htm",mode ='r',encoding ='utf8')
6.    outfile = open("image_urls. txt",mode ='w',encoding ='utf8')
7.
8.
9.    pattern = re. compile(r'https://cdn\. pixabay\. com/photo/. + ?\. (jpg|png)')
10.
```

```
11.      for line in infile：
12.          for match in pattern. finditer(line)：
13.              outfile. write("％s\n"％match. group())
14.
15.      infile. close()
16.      outfile. close()
```

## 动手练

1. 编写提取出字符串"abc123#456＄789" 中的所有数字的正则表达式。

2. 编写判断字符串"abc@126. com. a" 是否为邮箱格式的正则表达式。

3. 编写提取出字符串"http：//www. baidu. com https https：//www. taobao. com/" 中的 IP 地址的正则表达式。

4. 编写替换字符串"abc def ghi" 中的所有空格为下划线的正则表达式。

5. 编写提取出字符串中"2022 –01 –01 2023 2024 –03" 的日期格式的正则表达式。

6. 编写判断字符串"1394567890" 是否为手机号格式的正则表达式。

# 项目七　程序调试和异常处理

## 学习目标

### 职业能力目标

掌握在集成开发环境中设置断点、发现错误的方法；在程序中捕获和处理异常的编程方法。了解程序可能出现的各种错误。

### 典型工作任务

程序难免出现各种各样的错误，可能的错误包括语法错误、逻辑错误和运行时错误。语法错误都能被及时发现，例如如果把函数名或变量名写错了、没有按 Python 的规则缩进代码等，在编写程序的过程中，编译器会出现错误提示，让程序员修改代码。比较难发现的是逻辑错误。逻辑错误需要通过调试，也就是 debug 来排除。运行时错误其实不是程序本身的错误，而是运行时的偶发状况，但运行时错误会导致程序的突然崩溃，所以需要通过捕获错误来增强程序的健壮性。

# 任务一　寻找程序逻辑错误的方法

发现程序逻辑错误的方法就是在程序执行的过程中停下来，观察各个变量的值是不是符合预期。Python 的 pdb 模块中包含了以交互方式调试程序的工具。本书使用的 Jupyter Notebook 开发环境同样可以使用 pdb。

下面代码的 1~9 行在一个 Jupyter Notebook 的 Cell 中。由于代码第 4 行用 pdb. set_trace( ) 设置了断点，执行 1~9 行代码的 Cell 时会进入调试状态，然后在第 12 行的 ipdb 输入调试命令 l，可以看到代码的执行在第 5 行暂停了，在第 24 行输入调试命令 n，程序继续执行一行。代码 27 行输入调试命令 p total，输出 total 变量的数值，观察是否和预期一致。代码 27 行输入调试命令 c，继续执行直到结束，输出结果 5050。

```
1.      import pdb
2.      def cumsum_one_n( n) :
3.          total = 0
4.          pdb. set_trace( )
5.      for i in range( 1, n + 1) :
6.              total += i
7.      return total
8.
9.      cumsum_one_n( 100)
10.         > c:\users\···\ipykernel_4900\1743926034. py( 5) cumsum_one_n( )
```

```
11.
12.        ipdb > l
13.             1 import pdb
14.             2 def cumsum_one_n(n):
15.             3     total = 0
16.             4     pdb. set_trace()
17.        ----> 5     for i in range(1,n+1):
18.             6         total += i
19.             7     return total
20.             8
21.             9
22.            10 cumsum_one_n(100)
23.
24.        ipdb > n
25.        > c:\users\···\ipykernel_4900\1743926034. py(6)cumsum_one_n()
26.
27.        ipdb > p total
28.        0
29.        ipdb > n
30.        > c:\users\···\ipykernel_4900\1743926034. py(5)cumsum_one_n()
31.
32.        ipdb > p total
33.        1
34.        ipdb > c
35.        5050
```

常用的调试命令见表 7 − 1。

表 7 − 1  常用的调试命令

| 命令 | 缩写 | 解释 |
|---|---|---|
| continue | c | 继续执行直到结束 |
| list | l | 显示正在执行的代码的位置 |
| next | n | 执行下一行 |
| p <变量名> | | 显示变量的值 |

# 任务二  异常处理增强程序的健壮性

运行时错误一般是程序外的问题引发的程序运行错误，例如，程序要打开文件读入数据时，应该存在的文件不存在，程序需要访问网页时，网络不通，异常处理程序的目的是增强程序的健壮性与容错性。

异常捕获的代码采用 try - except 结构，完整的结构如下所示，方括号表示可选，即里面的内容可以有也可以没有，尖括号表示必选，即不能为空。

```
try：
        < 有可能产生异常的代码 >
except [异常类型]：
        < 异常处理代码 >
[except < 异常类型 > [as < 变量名 >]：
        < 异常处理代码 >
[else：
        < 没有发生异常执行的代码 >]
[finally：
        < 不管有没有异常都会执行的代码 >]]
```

下面的例子是打开文件读取数据的程序，第 10 行捕获文件没找到的异常（FileNotFoundError），如果文件确实存在，就是 15 行以后的代码。不管文件是否打开，最后都会执行代码 19 行以后的代码，将打开的文件关闭。当然大多数场景不需要这么完整的结构，只有 try - except 就行了。

```
1.      # -*- coding：utf-8 -*-
2.
3.      import sys
4.
5.      file_name = 'namelist1. txt'
6.      f = None
7.      try：
8.          # 可能会发生运行时异常的代码
9.          f = open(file_name,'r', encoding ='utf-8')
10.     except FileNotFoundError：
11.         # 如果发生文件没找到的异常,就执行下面的代码
12.         print('文件名不存在,下次再见！')
13.         sys. exit( )
14.         # 可以在这里让用户输入新的文件名,而不是 sys. exit( )直接退出
15.     else：
16.         # 如果没有异常
17.         for line in f：
18.             print(line)
19.     finally：
20.         # 不管有没有异常都会执行这里的代码
```

```
21.        if f is not None：
22.            f. close
```

## 动手练

找一个包括循环和函数的代码，通过设置断点的方式，试着测试、验证程序的正确性。

# 项目八　NumPy 模块的使用

PPT

## 学习目标

**职业能力目标**

掌握 NumPy 的重要数据结构多维数组；多维数组数据的索引、切片、筛选；多维数组、矩阵的算术运算；多维数组的形状操作、数组合并和分割；从文件读取数据建立多维数组的方法；从将多维数组中的数据写入文本的方法。

**典型工作任务**

在数据分析工作场景，可能要生成某种特征的数据，或对批量数据进行科学运算，完成诸如：生成随机数、进行线性代数运算、改变多维数组形状的运算，或者使用各种函数的运算。NumPy 已经集成了这些大批量数据计算有关各种接口，所以开发人员在批量处理数据方面，可以节省大量的时间。

## 任务一　使用 NumPy 组织数据

NumPy（全称 Numerical Python）是一个开源 Python 库，广泛应用于需要处理数值数据的场合，特别是在科学和工程领域。NumPy API（全称 Application Programming Interface）是 Pandas、Matplotlib、SciPy、scikit – learn、scikit – image 等数据科学和机器学习模块的计算内核。NumPy 库的核心数据结构是多维数组（ndarray），NumPy 将多维数组（类似向量、矩阵）运算的函数以及数学函数库封装成为 API，用户可以基于这些 API 很方便地完成计算任务。

### 一、NumPy 多维数组的特点

NumPy 的多维数组 ndarray 是一个数据容器，容器中的元素有相同的类型，并且可以用整数索引元素。

多维数组中的每个元素都占用相同尺寸的内存块，所有的内存块都用相同的方式解释。

**1. data – type 对象**　解释了多维数组中每个元素的类型，数据类型不仅可以是整型、浮点型等基本类型，还可以是数据结构。

**2. array scalar 类型**　从数组中提取数据项需要通过索引，索引的类型是 NumPy 中内置的数组标量类型（array scalar type）之一，数组标量类型允许轻松地操作更复杂的数据排列。

官网的文档中有一张图描述了多维数组的结构（图 8 – 1）。

NumPy 的多维数组在数据处理的效率方面要比 Python 自带的容器，例如列表、元组、字典、集合等高得多，所以在数据分析和机器学习领域被广泛使用。

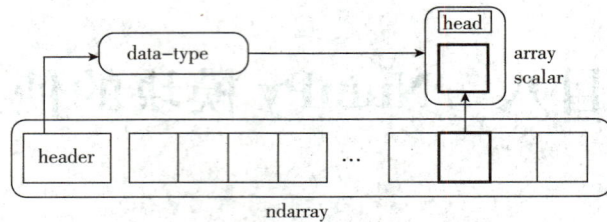

**图 8 – 1　多维数组的结构**

## 二、数组的属性与数据类型

### （一）ndarray 的属性

通过 NumPy 库的 array 函数可以将 Python 的序列类型对象转换为多维数组。

```
1.    In[1]: import numpy as np
2.
3.    In[2]: arr0 = np. array([1, 2, 3])
4.
5.    In[3]: arr1 = np. array([[1, 2, 3],[4, 5, 6]])
6.
7.    In[4]: arr0
8.    Out[4]: array([1, 2, 3])
9.
10.   In[5]: arr1
11.   Out[5]:
12.   array([[1, 2, 3],
13.         [4, 5, 6]])
```

在上面的代码中，用 array 函数创建了两个多维数组，arr0 是一维数组，arr1 是二维数组。

数组属性是关于数组对象的自描述信息，常用的数组属性如表 8 – 1 所示。

**表 8 – 1　常用的数组属性**

| 属性名字 | 属性解释 |
| --- | --- |
| ndarray. ndim | 数组的维数，也称秩（轴的数量） |
| ndarray. shape | 数组维度的元组（多维数组 n 行 m 列） |
| ndarray. size | 数组中元素的个数，（相当于 . shape 中 n * m 的积） |
| ndarray. itemsize | 数组中每个元素的大小（以字节为单位） |
| ndarray. dtype | 数组元素的类型 |

在下面的代码中可以看到，arr0 的维数为 1，arr1 的维数为 2，一维数组的形状（shape）是（3,），二维数组的形状（shape）是（2，3），itemsize 表示每个元素所占内存空间，数值 4 表示占用 4 个字节。两个数组的 dtype 都是 int32。

| 1. | In〔4〕：arr0. ndim |
|---|---|
| 2. | Out〔4〕：1 |
| 3. | |
| 4. | In〔5〕：arr1. ndim |
| 5. | Out〔5〕：2 |
| 6. | |
| 7. | In〔6〕：arr0. shape |
| 8. | Out〔6〕：(3,) |
| 9. | |
| 10. | In〔7〕：arr1. shape |
| 11. | Out〔7〕：(2，3) |
| 12. | |
| 13. | In〔8〕：arr0. size |
| 14. | Out〔8〕：3 |
| 15. | |
| 16. | In〔9〕：arr1. size |
| 17. | Out〔9〕：6 |
| 18. | |
| 19. | In〔10〕：arr0. itemsize |
| 20. | Out〔10〕：4 |
| 21. | |
| 22. | In〔11〕：arr1. itemsize |
| 23. | Out〔11〕：4 |
| 24. | |
| 25. | In〔12〕：arr0. dtype |
| 26. | Out〔12〕：dtype('int32') |
| 27. | |
| 28. | In〔13〕：arr1. dtype |
| 29. | Out〔13〕：dtype('int32') |

## （二）理解数组的形状

数组的形状是用轴上的元素数量来表示的。

| 1. | In〔15〕：arr2 = np. array([[[0,1],[2,3]],[[4,5],[6,7]]]) |
|---|---|
| 2. | |
| 3. | In〔16〕：arr2 |
| 4. | Out〔16〕： |
| 5. | array([[[0，1], |
| 6. | [2，3]], |

```
7.
8.            [[4, 5],
9.             [6, 7]]])
10.
11.    In[17]: arr2. shape
12.    Out[17]: (2, 2, 2)
```

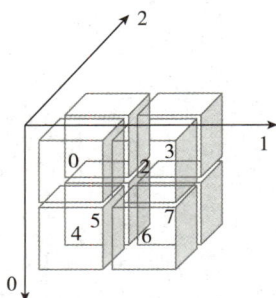

图 8 - 2　数组的轴

数组的形状如图 8 - 2 所示，包括 0 轴、1 轴、2 轴，对应的形状数值分别是（2, 2, 2）。

一维数组只有 0 轴，二维数组有 0 轴和 1 轴，三维数组有 0 轴、1 轴和 2 轴，以此类推，只是超过三维就比较难画出来了。

一个多维数组的轴的划分其实和它的表示结构的括号是对应的，表 8 - 2 的第 1 行表示整个数组；第 2 行表示数组最大可以划分成两个部分，这是数组内部第 1 层括号决定的，这个划分就是 0 轴的划分，对应图 8 - 2，0 轴的 0 层是 [ [0, 1], [2, 3]]，0 轴的 1 层是 [ [4, 5], [6, 7]]；第 3 行表示 1 轴上的划分；第 4 行表示 2 轴上的划分。

表 8 - 2　多维数组的轴的划分

| 1 | [[[0, 1], [2, 3]], [ [4, 5], [6, 7]]] | | | | | | |
|---|---|---|---|---|---|---|---|
| 2 | [[0, 1], [2, 3]] | | | | [[4, 5], [6, 7]] | | |
| 3 | [0, 1] | | [2, 3] | | [4, 5] | | [6, 7] | |
| 4 | 0 | 1 | 2 | 3 | 4 | 5 | 6 | 7 |

现在通过上面对轴的理解，来引用多维数组的元素。3 这个元素在数组 0 轴上第 0 行，1 轴上第 1 列，2 轴上第 1 个元素。下面这两种方法都能引用到 3 这个元素，在 NumPy 中第一种方法更常见。

```
1.    In[20]: arr2[0,1,1]
2.    Out[20]: 3
3.
4.    In[21]: arr2[0][1][1]
5.    Out[21]: 3
```

## （三）NumPy 中的基本数据类型

NumPy 支持的数据类型非常丰富。相同的类型有很多种表示方法，初学者往往对此感到很困惑。大致有下面三种表示方法。

**方法 1**　数据类型的名称后面没有表示空间大小的数字，例如：np. bool_ 、np. byte、np. short、np. intc、int_ 等，这些数据类型的数据占用的内存空间常常和计算机平台相关，计算机平台不同，数据的字节数可能不一样。

**方法 2**　如果要使数据占用的空间和平台无关，可以用带数字的类型名来指定数据类型所占用的内存空间，例如：np. int8、np. int32、np. float32 等，后面的数字是位（bit）数。

方法3 数据类型名还有简略的形式（数组协议类型字符串，Array – protocol type strings），例如：'?' 表示逻辑值，'i4'表示 4 个字节的整数，'f8'表示 8 个字节的浮点数。

下面的代码中使用了上述的三种方式。

```
1.    In[11]: a1 = np. array([1,2,3],dtype = np. int_)
2.
3.    In[12]: a1. dtype
4.    Out[12]: dtype('int32')
5.
6.    In[13]: a1 = np. array([1,2,3],dtype = np. intc)
7.
8.    In[14]: a1. dtype
9.    Out[14]: dtype('int32')
10.
11.   In[15]: a1 = np. array([1,2,3],dtype = np. bool_)
12.
13.   In[16]: a1. dtype
14.   Out[16]: dtype('bool')
15.
16.   In[17]: a2 = np. array([1, 2, 3], dtype ='f4') # dtype = np. dtype('f4'))
17.
18.   In[18]: a2
19.   Out[18]: array([1. , 2. , 3. ], dtype = float32)
20.
21.   In[19]: a2. dtype
22.   Out[19]: dtype('float32')
23.
24.   In[20]: a3 = np. array([1, 2, 3], dtype ='?')
25.
26.   In[21]: a3
27.   Out[21]: array([True, True, True])
28.
29.   In[22]: a3. dtype
30.   Out[22]: dtype('bool')
```

表 8 – 3 列出了 numpy 数组元素的数据类型和各种可能的数据类型名称。

表 8 - 3　**numpy 数组元素的数据类型和表示法**

| 数据类型 | 可以用于表达该类型的类型名称 |
| --- | --- |
| numpy. bool_ | '?', 'bool8', 'b1', 'bool_', 'bool' |
| numpy. int8 | 'byte', 'b', 'int8', 'i1' |
| numpy. uint8 | 'ubyte', 'B', 'uint8', 'u1' |
| numpy. int16 | 'short', 'h', 'int16', 'i2' |
| numpy. uint16 | 'ushort', 'H', 'uint16', 'u2' |
| numpy. intc | 'i', 'intc' |
| numpy. uintc | 'I', 'uintc' |
| numpy. int32 | 'long', 'l', 'int32', 'i4', 'int_ ', 'int' |
| numpy. uint32 | 'uint', 'L', 'uint32', 'u4' |
| numpy. int64 | 'intp', 'p', 'longlong', 'q', 'int64', 'i8', 'int0' |
| numpy. uint64 | 'uintp', 'P', 'ulonglong', 'Q', 'uint64', 'u8', 'Uint64', 'uint0' |
| numpy. float16 | 'half', 'e', 'float16', 'f2' |
| numpy. float32 | 'f', 'float32', 'f4', 'single' |
| numpy. float64 | 'double', 'd', 'float64', 'f8', 'float_ ', 'float' |
| numpy. longdouble | 'longdouble', 'g', 'longfloat' |
| numpy. complex64 | 'F', 'complex64', 'c8', 'csingle', 'singlecomplex' |
| numpy. complex128 | 'cfloat', 'cdouble', 'D', 'complex128', 'c16', 'complex_ ', 'complex' |
| numpy. clongdouble | 'clongdouble', 'G', 'clongfloat', 'longcomplex' |
| numpy. object_ | 'O', 'object0', 'object_ ', 'object' |
| numpy. bytes_ | 'S', 'bytes0', 'Bytes0', 'bytes_ ', 'string_ ', 'bytes', 'a' |
| numpy. str_ | 'unicode', 'U', 'str0', 'Str0', 'str_ ', 'unicode_ ', 'str' |
| numpy. void | 'void', 'V', 'void0' |
| numpy. datetime64 | 'M', 'datetime64', 'M8', 'Datetime64' |
| numpy. timedelta64 | 'm', 'timedelta64', 'm8' |

整数、浮点数等数值类型还是不难使用的。对于字符串来说，如果用字节对象来表达使用类型 numpy. bytes_，如果用 ucicode 字符串表达使用类型 numpy. str_，实际设置的时候可以使用简写的形式。在下面的实例中 '< U12 ' 表示 12 个 unicode 字符的字符串，'<'表示 little - endian，即低字节数据在低地址，'>' 表示 Big - endian，即高字节数据在低地址。'=' 表示本地方式，'|' 表示未应用，NumPy 内置数据类型的字节次序就是 '|' 或者' ='。

```
1.      In[1]: import numpy as np
2.          ...: arr = np. array(['python', 'tensorflow', 'scikit - learn', 'numpy'], dtype ='U')
3.
4.      In[2]: arr
5.      Out[2]: array(['python', 'tensorflow', 'scikit - learn', 'numpy'], dtype ='< U12')
6.
7.      In[3]: arr1 = np. array(['python', 'tensorflow', 'scikit - learn', 'numpy'], dtype ='S')
```

8.　In[4]: arr1

9.　Out[4]: array([b'python', b'tensorflow', b'scikit-learn', b'numpy'], dtype='|S12')

10.

注意：若不指定类型，则整数默认为 int32，实数默认为 float64。

## （四）修改数组中元素的类型

类型转变的函数是 astype，修改数组中的元素数据类型，返回的是修改了类型之后的数组。astype() 方法使用场景较多，在后续的 Pandas 中也会用到。

ndarray. astype(dtype)

构建元素为 float 型的数组，然后使用 astype() 将数组中的元素转换为 int64。

1.　In[1]: import numpy as np

2.　　...:

3.　　...: ar1 = np. arange(10, dtype = float)

4.　　...: ar2 = ar1. astype(np. int64)

5.

6.　In[2]: ar1

7.　Out[2]: array([0., 1., 2., 3., 4., 5., 6., 7., 8., 9.])

8.

9.　In[3]: ar2

10.　Out[3]: array([0, 1, 2, 3, 4, 5, 6, 7, 8, 9], dtype = int64)

11.

12.　In[4]: ar2. dtype

13.　Out[4]: dtype('int64')

务必注意：类型转变时候要考虑数据类型的内存空间尺寸，缩小空间会导致内存溢出，从而改变数据值。

分别设置数组中数据类型为 int8 和 int16，观察其数据输出有何不同。

1.　In[1]: import numpy as np

2.　　...:

3.　　...: a1 = np. array([1, 2, 255], dtype = np. int16)

4.

5.　In[2]: a1

6.　Out[2]: array([1,   2, 255], dtype = int16)

7.

8.　In[3]: a2 = a1. astype(np. int8)

9.

10.　In[4]: a2

11.　Out[4]: array([ 1,   2, -1], dtype = int8)

## 三、创建多维数组对象

### （一）将 Python 的序列类型对象转换成 ndarray 数组

通过 NumPy 库的 array 函数可以将 Python 的列表、元组或其他序列类型对象转换为多维数组。

array（object，dtype = None）

参数：

object：一个多维数组或者 Python 的序列对象，如果是个标量返回的是 0 维的数组。

Dtype：可选参数，设置函数返回的数组中元素的数据类型，如果没有赋值，则将根据 object 参数接收的序列对象来决定数据类型，需要保证数据类型能存储序列对象元素的数据，不会导致信息丢失。

使用不同方式创建 ndarray 数组：

```
1.    In[1]：# 使用生成器或列表生成 ndarray 结构
2.      ...：import numpy as np
3.      ...：
4.      ...：ar1 = np. array（[1，2，3，4，5，6]）         # 用列表创建
5.      ...：ar2 = np. array（（1，2，3，4，5，6））          # 用元组创建
6.      ...：ar3 = np. array（[[1，2，3]，[4，5，6]]）       # 嵌套列表
7.      ...：ar4 = np. array（range（6））                # 用生成序列
8.      ...：
9.      ...：ar5 = np. asarray（ar4）
```

生成的结果如下，观察其 ndarray 结构：

```
1.    In[2]：ar1
2.    Out[2]：array（[1，2，3，4，5，6]）
3.
4.    In[3]：ar2
5.    Out[3]：array（[1，2，3，4，5，6]）
6.
7.    In[4]：ar3
8.    Out[4]：
9.    array（[[1，2，3]，
10.           [4，5，6]]）
11.
12.   In[5]：ar4
13.   Out[5]：array（[0，1，2，3，4，5]）
14.
15.   In[6]：ar5
16.   Out[6]：array（[0，1，2，3，4，5]）
```

在创建数组时，NumPy 会为新建的数组推断出一个合适的数据类型，并保存在 dtype 中，当序列中同时有整数和浮点数时，NumPy 会把数组的 dtype 定义为浮点数据类型。

需要注意 array 和 asarray 的一个重要的不同点：

```
1.        In[1]: import numpy as np
2.           ...:
3.           ...: ar1 = np.array([1, 2, 3, 4, 5, 6])
4.           ...: # 分别使用 array 和 asarray 复制数组 ar1
5.           ...: array_test1 = np.array(ar1)
6.           ...: array_test2 = np.asarray(ar1)
7.           ...:
8.
9.        In[2]: # 如果修改了 ar1
10.          ...: ar1[2] = 100
11.
12.       In[3]: array_test1
13.       Out[3]: array([1, 2, 3, 4, 5, 6])
14.
15.       In[4]: array_test2     # asarray 生成的数组会随之变化
16.       Out[4]: array([  1,   2, 100,   4,   5,   6])
```

观察代码执行结果会发现 np.array 函数生成的新数组并未随原数组内容的变化而改变；而 np.asarray 函数生成的数组，如果输入的参数已经是一个多维数组，其实只是相当于给了原数组一个别名，名称指向的实体对象并没有变化，因此会随所原数组的变化而变化。

### （二）按指定数据区间生成 ndarray 数组

**1. numpy.arange（[start,] stop, [step,] dtype = None）**　　方括号表示可选出现参数，[start,] 表示可以没有 start 参数，stop 参数是必须要出现的，函数语法表示以起始值 start 和终值 stop 为区间，按照指定步长 step 创建类型为 dtype 的等差数组，[start, stop) 区间为左闭右开。其中参数 step 默认值为 1，dtype 是可选参数，输出数组的类型。如果不设置 dtype，则从其他输入参数推断数据类型。

使用 arange 函数创建数组时的参数使用方式会决定数据区间的数值。

```
1.        In[9]: import numpy as np
2.           ...:
3.           ...: arr1 = np.arange(10)          # 生成 0 到 9,10 个成员的数组
4.           ...: arr2 = np.arange(10, 30, 2)    # 生成 10 到 28,10 个成员的数组
5.
6.        In[10]: arr1
7.        Out[10]: array([0, 1, 2, 3, 4, 5, 6, 7, 8, 9])
```

```
8.
9.    In[11]: arr2
10.   Out[11]: array([10, 12, 14, 16, 18, 20, 22, 24, 26, 28])
```

**2. numpy. linspace（start，stop，num = 50，endpoint = True，retstep = False，dtype = None）**    在起始值和终值之间，按照 num 指定的数量创建均匀间隔的数据元素的数组，默认数据区间是［start，stop］，如果 endpoint 设为 False，则数据区间是［start，stop）。

其中参数代表如下。

start：数组的起始值。

stop：数组的终止值。

num：要生成的等间隔数据元素的数量，默认为 50。

endpoint：数组元素是否包含 stop 值，默认为 True。

retstep：是否返回步长，默认是不返回。

```
1.    In[12]: import numpy as np
2.       ...: # 生成等间隔的数组
3.       ...: arr3 = np. linspace(0, np. pi, 20)
4.
5.    In[13]: arr3
6.    Out[13]:
7.    array([0.         , 0. 16534698, 0. 33069396, 0. 49604095, 0. 66138793,
              0. 82673491, 0. 99208189, 1. 15742887, 1. 32277585, 1. 48812284,
              1. 65346982, 1. 8188168 , 1. 98416378, 2. 14951076, 2. 31485774,
              2. 48020473, 2. 64555171, 2. 81089869, 2. 97624567, 3. 14159265])
```

**3. numpy. logspace（start，stop，num = 50，endpoint = True，base = 10. 0，dtype = None）**    用于创建在对数刻度上等距的数组。起始值和终值区间是 $[base^{start}, base^{end}]$，生成的数组元素的对数是等距的。

```
1.    In[14]: arr4 = np. logspace(1, 6, 6, base = 2)
2.
3.    In[15]: arr4
4.    Out[15]: array([ 2. ,   4. ,   8. , 16. , 32. , 64. ])
```

**4. numpy. geomspace（start，stop，num = 50，endpoint = True，dtype = None）**    用于创建包含等比数列的数组，在起始值和终值区间［start，stop］，按照 num 指定数量创建等比数组。下面的代码创建的数组其实就是［1 10 100 1000 10000］，等比数组的公比是 10。

```
1.    In[16]: arr5 = np. geomspace(1,10000,5)
2.
3.    In[17]: arr5
4.    Out[17]: array([1. e +00, 1. e +01, 1. e +02, 1. e +03, 1. e +04])
```

### （三） 生成元素全部相同的数组

有时需要预先有一个某种形状的数组，并且赋以初始值，以便在后面的程序中修改，这时候就需要用到这些函数。

**1. 生成空元素的数组函数**

numpy. empty( shape，dtype = float)

numpy. empty_like( prototype，dtype = None，shape = None)

带有_like 后缀的函数，可以创建和参数指定数组相同形状的数组。注意，所谓的 empty 得到的并不是元素都是空的数组，而是没有初始化值的数组。

```
1.    In[1]: import numpy as np
2.      ...: arr1 = np. empty((2,3),dtype ='float')
3.
4.    In[2]: arr1
5.    Out[2]:
6.    array([[6. 23042070e - 307, 4. 67296746e - 307, 1. 69121096e - 306],
7.           [9. 34601641e - 307, 1. 42413555e - 306, 1. 78019082e - 306]])
8.
9.    In[3]: arr2 = np. empty_like( arr1,dtype ='int')
10.
11.   In[4]: arr2
12.   Out[4]:
13.   array([[         0,          0,          0],
14.          [1071644672,          0, 1072693248]])
```

**2. 生成全是 0 或全是 1 的数组函数**　下面这些函数的使用方法和 empty 函数大同小异，在不设置 dtype 参数时，默认数据类型是浮点型。

numpy. ones( shape，dtype = None)

numpy. ones_like( a，dtype = None，shape = None)

numpy. zeros( shape，dtype = float)

numpy. zeros_like( a，dtype = None，shape = None)

```
1.    In[5]: import numpy as np
2.      ...: # shape 为 3 行 3 列,数值全为 1
3.      ...: arr_ones = np. ones((3,3))
4.      ...: # shape 相当于(3,),数值全为 0
5.      ...: arr_zeros = np. zeros(3)
6.
7.    In[6]: arr_ones
8.    Out[6]:
```

```
9.        array([[1., 1., 1.],
10.                [1., 1., 1.],
11.                [1., 1., 1.]])
12.
13.       In[7]: arr_zeros
14.       Out[7]: array([0., 0., 0.])
15.
16.       In[8]: a1_ones = np. ones_like(arr_zeros)
17.        ...: a1_zeros = np. zeros_like(arr_ones)
18.
19.       In[9]: a1_ones
20.       Out[9]: array([1., 1., 1.])
21.
22.       In[10]: a1_zeros
23.       Out[10]:
24.       array([[0., 0., 0.],
25.                [0., 0., 0.],
26.                [0., 0., 0.]])
```

**3. 生成其他全部相同元素的数组**　除了能生成全 0 或全 1 数组外，NumPy 还可以生成其他全部相同元素的数组。

numpy. full(shape, fill_value, dtype = None)

函数返回一个根据指定 shape 和 dtype，并用 fill_value 填充的数组。

shape：用于指定数组在每个维度上的元素个数，例如：(2, 3) 表示 2 行 3 列。

fill_value：指定数组中要填充的值。

dtype：可选，默认值为 None，数组元素的数据类型。

创建一个 5 行 5 列所有元素都是 2 的数组：

```
1.        In[1]: import numpy as np
2.
3.        In[2]: arr_full = np. full((5, 5), 2, dtype = 'float')
4.
5.        In[3]: arr_full
6.        Out[3]:
7.        array([[2., 2., 2., 2., 2.],
8.                [2., 2., 2., 2., 2.],
9.                [2., 2., 2., 2., 2.],
10.                [2., 2., 2., 2., 2.],
11.                [2., 2., 2., 2., 2.]])
```

### （四）创建单位矩阵

**1. numpy. eye（N，M = None，k = 0，dtype = < class ' float' >）**　　eye 函数可以创建对角线上元素全为 1，其他位置元素全为 0 矩阵。其中 N 参数设置行数（必须位置参数），M 设置列数，如果没有设置 M 参数，得到的是一个 N×N 的矩阵。k 表示对角线的位置，0 表示主对角线，正数表示更高的对角线，负数表示更低对角线。

创建一个 5 行 5 列的单位矩阵，对角线值为 1，其余位置值为 0：

```
1.      In[6]: import numpy as np
2.        ...:
3.        ...: arr_eye = np.eye(5)
4.
5.      In[7]: arr_eye
6.      Out[7]:
7.      array([[1., 0., 0., 0., 0.],
8.             [0., 1., 0., 0., 0.],
9.             [0., 0., 1., 0., 0.],
10.            [0., 0., 0., 1., 0.],
11.            [0., 0., 0., 0., 1.]])
```

**2. numpy. identity（n，dtype = None）**　　是最简单的创建单位矩阵的函数，参数 n 表示方阵的行列数。

```
1.      In[8]: arr_identity = np.identity(5)
2.
3.      In[9]: arr_identity
4.      Out[9]:
5.      array([[1., 0., 0., 0., 0.],
6.             [0., 1., 0., 0., 0.],
7.             [0., 0., 1., 0., 0.],
8.             [0., 0., 0., 1., 0.],
9.             [0., 0., 0., 0., 1.]])
```

### （五）使用随机模块生成数组

计算机产生的随机数是伪随机数，也就是说生成的是可重复的数字序列，事实上是不随机的。伪随机数的生成由种子和算法决定，在算法确定的前提下，相同的种子生成相同的随机数，很多时候，为了保证数据不重复，默认会用计算机的时钟数值作为种子。

NumPy 从版本 1.17 开始使用 Generator 取代 RandomState（现在依然可以使用，放在 Legacy 中），随机数的算法更改为置换同余生成器 - 64（permuted congruential generator - 64，PCG64）。

**1. 使用 NumPy 随机数生成器生成随机数**　　生成浮点数随机数和数组。NumPy 提供了 default_rng 函数得到一个随机数生成器，如果不设置参数，生成器使用 PCG64 算法并使用计算机时钟数值作为种子，有了生成器就可以使用 random 函数生成随机数，random（［size，dtype，out］）函数得到的随机数属于区间［0.0，1.0），从下面的例子可以看出，每次生成的随机数都是不同的。

```
1.    In［1］：import numpy as np
2.       ...：
3.       ...：prng = np. random. default_rng()
4.       ...：prng. random()
5.    Out［1］：0. 9811999034883384
6.
7.    In［2］：import numpy as np
8.       ...：
9.       ...：prng = np. random. default_rng()
10.      ...：prng. random()
11.   Out［2］：0. 6143578279326393
```

如果为生成器设置了相同数值的种子，情况就不同了，两次运行获得了同样的随机数。

```
1.    In［7］：import numpy as np
2.       ...：
3.       ...：prng = np. random. default_rng(seed = 5)
4.       ...：prng. random()
5.    Out［7］：0. 8050029237453802
6.
7.    In［8］：import numpy as np
8.       ...：
9.       ...：prng = np. random. default_rng(seed = 5)
10.      ...：prng. random()
11.   Out［8］：0. 8050029237453802
12.
13.   In［9］：prng = np. random. default_rng()
14.      ...：prng. random(5)
15.   Out［9］：array（［0. 41153827，0. 36770197，0. 81315162，0. 46262914，0. 98602024］）
```

如果 size 参数设置成（2，3）这样的形式，也可以得到 2 行 3 列的浮点随机数数组。

**2. 生成整数随机数和数组**　如果要生成浮点数，可以使用 integers（low，high = None，size = None，dtype = np. int64，endpoint = False）函数，返回从［low，high）的随机整数，或者如果 endpoint = True，则返回从［low，high］的随机整数。当 high = None 时，low 参数实际上是 high）。

```
1.    In[10]: import numpy as np
2.        ...:
3.        ...: prng = np. random. default_rng()
4.        ...: prng. integers(5)
5.    Out[10]: 4
6.
7.    In[11]: prng. integers(5)
8.    Out[11]: 1
9.
10.   In[12]: prng. integers(low = 5, high = 10)
11.   Out[12]: 6
12.
13.   In[13]: prng. integers(low = 5, high = 10, size = 10)
14.   Out[13]: array([5, 6, 8, 9, 5, 5, 8, 7, 5, 5], dtype = int64)
```

如果 size 参数设置成（2，3）这样的形式，也可以得到 2 行 3 列的整数随机数数组。

**3. 从已有的数组中随机抽样得到多维数组** 通过 choice 函数可以实现从数组中随机抽样，choice（a，size = None，replace = True，p = None，axis = 0，shuffle = True）的参数如下。

- a：可以是 ndarray 或者整数，如果是 ndarray，则在其元素中随机样本。如果是整数，则实际上就是 np. arange(a) 生成的数组。
- size：可选参数，可以是整数，也可以是元组。表示函数返回结果的元素个数和形状。
- replace：可选参数，默认为 True，表示样本可以被多次选择，如果不允许重复选需要设置为 False。
- p：可选参数，即 a 中的元素被选中相关联的概率。如果未设置，a 中的元素被选中是等概率的。
- axis：可选参数，沿那条轴执行选择，默认值为 0，按行选择。
- shuffle：可选参数。无放回采样时是否对样本进行洗牌，默认为 True。

在下面的例子中，如果设置了 p 参数，概率大的样本被选中的频次明显比较高。

```
1.    In[1]: import numpy as np
2.        ...: prng = np. random. default_rng()
3.        ...: prng. choice(6, 3) # [0,1,2,3,4,5]中选 3 个
4.    Out[1]: array([4, 5, 5], dtype = int64)
5.
6.    In[2]: prng. choice(6, 3, p = [0. 2, 0. 1, 0. 1, 0. 5, 0, 0. 1])
7.    Out[2]: array([0, 0, 0], dtype = int64)
8.
9.    In[3]: prng. choice(6, 3, p = [0. 2, 0. 1, 0. 1, 0. 5, 0, 0. 1])
10.   Out[3]: array([2, 2, 3], dtype = int64)
11.
```

| | |
|---|---|
| 12. | In[4]: prng. choice(6, 3, p = [0.2, 0.1, 0.1, 0.5, 0, 0.1]) |
| 13. | Out[4]: array([2, 3, 3], dtype = int64) |
| 14. | |
| 15. | In[5]: prng. choice(6, 3, p = [0.2, 0.1, 0.1, 0.5, 0, 0.1]) |
| 16. | Out[5]: array([3, 1, 3], dtype = int64) |

如果将 replace 参数设置为 False，样本被抽到后，不再放回，不可能被二次抽到。

| | |
|---|---|
| 1. | In[6]: prng. choice(6, 3, replace = False) |
| 2. | Out[6]: array([5, 3, 1], dtype = int64) |
| 3. | |
| 4. | In[7]: prng. choice(100, size = (4,5), replace = False) |
| 5. | Out[7]: |
| 6. | array([[54, 27, 43, 20, 61], |
| 7. | [14, 34, 28, 70, 68], |
| 8. | [67, 41, 79, 26, 45], |
| 9. | [95, 90, 75,  8, 82]], dtype = int64) |

通过设置 axis 参数的值，沿着 1 轴抽取 2 列。

| | |
|---|---|
| 1. | In[9]: arr = prng. choice(100, size = (4,5), replace = False) |
| 2. | ...: prng. choice(arr, size = 2, axis = 1) |
| 3. | Out[9]: |
| 4. | array([[59, 60], |
| 5. | [90, 53], |
| 6. | [37, 91], |
| 7. | [23, 27]], dtype = int64) |

**4. 通过对数组随机洗牌得到多维数组**　通过 shuffle(x, axis = 0) 函数，通过改变数组 ndarray 或 Python 序列元素的次序来得到多维数组或序列。观察下面的例子会发现，shuffle 函数会直接作为参数传入的原数组或序列。

| | |
|---|---|
| 1. | In[1]: import numpy as np |
| 2. | ...: prng = np. random. default_rng() |
| 3. | ...: arr = np. arange(10) |
| 4. | ...: prng. shuffle(arr) |
| 5. | |
| 6. | In[2]: arr |
| 7. | Out[2]: array([6, 8, 5, 3, 4, 2, 0, 9, 1, 7]) |
| 8. | |
| 9. | In[3]: arr = [1,2,3,4,5] |

```
10.          ...: prng. shuffle(arr)
11.
12.   In[4]: arr
13.   Out[4]: [4, 5, 1, 3, 2]
```

如果数组有多个维度，shuffle 函数则默认在 0 轴方向洗牌，也可以设置洗牌的方向。

```
1.    In[6]: arr = np. arange(9). reshape((3, 3))
2.
3.    In[7]: arr
4.    Out[7]:
5.    array([[0, 1, 2],
6.           [3, 4, 5],
7.           [6, 7, 8]])
8.
9.    In[8]: prng. shuffle(arr)
10.
11.   In[9]: arr
12.   Out[9]:
13.   array([[6, 7, 8],
14.          [3, 4, 5],
15.          [0, 1, 2]])
16.
17.   In[10]: arr = np. arange(9). reshape((3, 3))
18.
19.   In[11]: prng. shuffle(arr, axis = 1)
20.
21.   In[12]: arr
22.   Out[12]:
23.   array([[2, 0, 1],
24.          [5, 3, 4],
25.          [8, 6, 7]])
```

shuffle 函数不是返回洗牌后的数组，而是直接改变了参数传入的数组。如果不想改变原数组，就可以使用 permutation(x, axis = 0) 函数，参数 x 可以是一个类似数组的对象，也可以是个整数（如果整数是 n，自动转换成为序列 np. arange(n)）。注意下面的实例中，permutation 和 shuffle 函数类似，axis = 1 时，洗牌是整列变换的，[1, 4, 7]，[2, 5, 8]，[3, 6, 9] 分别是一列。如果 axis = 0，则是整行变换的。

```
1.      In[9]: arr2 = np. arange(9). reshape(3,3)
2.      ...: arr3 = prng. permutation(arr2, axis =1)
3.
4.      In[10]: arr2
5.      Out[10]:
6.      array([[0, 1, 2],
7.             [3, 4, 5],
8.             [6, 7, 8]])
9.
10.     In[11]: arr3
11.     Out[11]:
12.     array([[0, 2, 1],
13.            [3, 5, 4],
14.            [6, 8, 7]])
```

如果不想类似 permutation 和 shuffle 函数一样，整行整列变换，而是每个元素都能保持独立性，就需要使用 permuted(x, axis = None, out = None) 函数。从下面代码执行的结果看，不再是整列变换，而是保持每行元素的独立性。

```
1.      In[13]: arr2
2.      Out[13]:
3.      array([[0, 1, 2],
4.             [3, 4, 5],
5.             [6, 7, 8]])
6.
7.      In[14]: arr4 = prng. permuted(arr2, axis =1)
8.
9.      In[15]: arr4
10.     Out[15]:
11.     array([[2, 0, 1],
12.            [3, 4, 5],
13.            [8, 7, 6]])
```

## （六）生成某种概率分布样本数组

有时用户需要数组中样本满足某种概率分布。表 8 - 4 包括了部分生成满足某种概率分布样本的函数。

表 8 - 4　生成某种概率分布样本的函数

| 函数名称 | 生成的分布 |
| --- | --- |
| beta (a, b [, size]) | 贝塔分布样本，在 [0, 1] 内 |
| binomial (n, p [, size]) | 二项分布的样本 |
| chisquare (df [, size]) | 卡方分布样本 |

续表

| 函数名称 | 生成的分布 |
| --- | --- |
| dirichlet(alpha[, size]) | 狄利克雷分布样本 |
| exponential([scale, size]) | 指数分布样本 |
| f(dfnum, dfden[, size]) | F 分布样本 |
| gamma(shape[, scale, size]) | 伽马分布样本 |
| normal([loc, scale, size]) | 正态分布样本 |
| poisson([lam, size]) | 泊松分布样本 |
| uniform([low, high, size]) | 从均匀分布中抽取样本 |
| …… | …… |

正态分布的样本是数据分析和机器学习中经常出现的情况，下面的例子演示了生成正态分布样本的方法，并且用可视化的方法验证了样本是否满足正态分布。正态分布的概率密度函数为：

$$p(x) = \frac{1}{\sqrt{2\pi\sigma^2}} e^{-\frac{(x-\mu)^2}{2\sigma^2}}$$

如果要通过样本画出正态分布的钟形曲线，可以利用这个公式。

```
1.     import numpy as np
2.
3.     prng = np.random.default_rng()
4.
5.     mu, sigma = 0, 1
6.     samples = prng.normal(mu, sigma, 1000)
7.
8.     import matplotlib.pyplot as plt
9.     count, bins, patches = plt.hist(samples, 30, density = True)
10.    plt.plot(bins, 1/(sigma * np.sqrt(2 * np.pi)) *
11.            np.exp( - (bins - mu) ** 2 / (2 * sigma ** 2)),
12.            linewidth = 2, color = 'r')
13.    plt.show()
```

代码的输出结果如图 8 - 3 所示，可以看出样本满足标准正态分布。

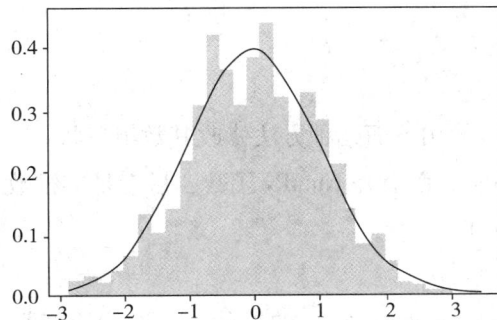

图 8 - 3　标准正态分布

均匀分布也是经常会用到的分布，uniform（[low，high，size]）函数还经常用于一个使用 random（）函数需要转换才能做到的场合，就是生成指定区间的等概率的随机数。

```
1.    In[2]: import numpy as np
2.       ...:
3.       ...: prng = np. random. default_rng()
4.       ...: samples = prng. uniform(10, 20, 20)
5.       ...: samples
6.    Out[2]:
7.    array([18. 94435204, 12. 25859519, 13. 14248878, 12. 67920356, 15. 11457376,
8.            17. 85167989, 16. 98931017, 17. 90699027, 19. 20268432, 14. 24212967,
9.            18. 34521414, 12. 0827645 , 15. 10683052, 11. 5485723 , 10. 88089318,
10.           15. 04036958, 13. 95645955, 17. 08837011, 12. 8502748 , 15. 04770008])
```

### （七）旧版模块中的函数生成随机数样本数组

在新版本的 NumPy 中，旧版的随机数模块依然是可用的，函数在 numpy. random. RandomState 模块中，而不是在新版的 numpy. random. Generator 模块中。表 8 - 5 是 numpy. random. RandomState 中部分旧版的函数。

表 8 - 5    旧版模块的随机样本函数

| 函数名 | 作用 |
| --- | --- |
| rand(d0, d1, ..., dn) | d0, d1 就是对应维度的元素个数，函数返回指定形状的随机数数组 |
| randn(d0, d1, ..., dn) | 函数返回指定形状的满足正态分布的随机数 |
| randint(low[, high, size, dtype]) | 返回区间 [low, hing) 的 size 个整数随机数数组 |
| random_integers (low [, high, size]) | 返回区间 [low, hing) 的 size 个整数随机数数组 |
| random_sample ( [size]) | 返回区间 [0.0, 1.0) 的 size 个浮点数随机数数组 |
| choice(a[, size, replace, p]) | 从一维数组中随机抽样 |
| shuffle(x) | 对 x 原地洗牌 |
| permutation(x) | 对 x 洗牌，返回洗牌后的数组 |

旧版模块中也有生成某种分布样本的函数，和新版大同小异。

## 四、数组的变换

### （一）修改数组的形状

对于已经定义好的数组，可以使用下面几种方法修改其数组形状。

**1. reshape 函数**    下列两种写法，前者是 NumPy 函数，后者是多维数组对象的方法：

- numpy. reshape(a, newshape)
- ndarray. reshape(newshape)

函数会利用源数组的数据，用 newshape 定义的形状，重新构建新数组的维度，但是原有的数组并没有改变。

```
1.    In[5]: # reshape() 修改数组的形状.
2.       ...: import numpy as np
3.       ...:
4.       ...: ar1 = np.arange(16)
5.       ...: ar2 = ar1.reshape((2, 8))
6.
7.    In[6]: ar1
8.    Out[6]: array([0,  1,  2,  3,  4,  5,  6,  7,  8,  9,  10,  11,
          12,  13,  14,  15])
9.
10.   In[7]: ar2
11.   Out[7]:
12.   array([[ 0,  1,  2,  3,  4,  5,  6,  7],
13.          [ 8,  9,  10,  11,  12,  13,  14,  15]])
```

创建数组时直接修改其维度：

```
1.    In[1]: import numpy as np
2.       ...: # 在创建数组时直接修改其形状
3.       ...: ar3 = np.reshape(np.arange(16), (2, 8))
4.       ...:
5.       ...: ar4 = np.reshape(ar3, (4, 4))
6.       ...:
7.       ...: ar5 = ar3.reshape(8, 2)
8.
9.    In[2]: ar3
10.   Out[2]:
11.   array([[ 0,  1,  2,  3,  4,  5,  6,  7],
12.          [ 8,  9,  10, 11, 12, 13, 14, 15]])
13.
14.   In[4]: ar4
15.   Out[4]:
16.   array([[ 0,  1,  2,  3],
17.          [ 4,  5,  6,  7],
18.          [ 8,  9, 10, 11],
19.          [12, 13, 14, 15]])
20.
21.   In[5]: ar5
22.   Out[5]:
```

```
23.          array([[ 0,  1],
24.                 [ 2,  3],
25.                 [ 4,  5],
26.                 [ 6,  7],
27.                 [ 8,  9],
28.                 [10, 11],
29.                 [12, 13],
30.                 [14, 15]])
```

由本例可见：ndarray. reshape( ) 与 numpy. reshape( ) 方法都不改变原数组的形状。

**2. resize 函数**

- numpy. resize( a，newshape)
- ndarray. resize( new_shape)

resize 函数也可以修改数组的形状。从下面的实例可见：ndarray. resize 会改变原数组，而 numpy. resize 并不更改原数组。

```
1.     In[1]: import numpy as np
2.       ...: ar1  =  np. arange(12)
3.       ...: ar2  =  np. ones(12)
4.       ...: # np. resize 并不更改原数组，
5.       ...: ar3  =  np. resize(ar1，(2,6))
6.       ...:
7.
8.     In[2]: ar1
9.     Out[2]: array([ 0,  1,  2,  3,  4,  5,  6,  7,  8,  9,  10,  11])
10.
11.    In[3]: ar2
12.    Out[3]: array([1.，1.，1.，1.，1.，1.，1.，1.，1.，1.，1.，1.])
13.
14.    In[4]: ar3
15.    Out[4]:
16.    array([[ 0,  1,  2,  3,  4,  5],
17.           [ 6,  7,  8,  9,  10,  11]])
18.
19.    In[5]: # ndarray. resize( )会改变原数组，而且返回 None
20.      ...: ar2. resize(2,6)
21.
22.    In[6]: ar2
```

```
23.          Out[6]:
24.          array([[1., 1., 1., 1., 1., 1.],
25.                 [1., 1., 1., 1., 1., 1.]])
```

使用 numpy. resize 改变数组形状，当改变后的形状与原数组的数据数量不一致时，会出现什么情况？

```
1.          In[7]: np. resize(np. arange(14),(3,4))
2.          Out[7]:
3.          array([[ 0,  1,  2,  3],
4.                 [ 4,  5,  6,  7],
5.                 [ 8,  9, 10, 11]])
6.
7.          In[8]: np. resize(np. arange(10),(3,4))
8.          Out[8]:
9.          array([[0, 1, 2, 3],
10.                [4, 5, 6, 7],
11.                [8, 9, 0, 1]])
```

观察执行结果会发现，使用 resize 修改数组结构后可能会对原数组做截取或扩充处理：
- 变后 size 大于原 size，会排序后对原数组中的数据做重复迭代处理；
- 变后 size 小于原 size，会将原数组直接截取变后为 size 大小的数组。

### （二）数组的转置与轴对换

数组形状就是数组在不同轴上的数量，例如（2，3）。数组的转置就是改变不同轴上的数量，例如改为（3，2）。有三种方法可以实现转置，分别是 transpose 函数、T 属性、swapaxes 函数。

transpose 函数的使用方法有：
- numpy. transpose(a, axes = None)
- ndarray. transpose( * axes)

swapaxes 函数的使用方法有：
- numpy. swapaxes(a, axis1, axis2)
- ndarray. swapaxes( axis1, axis2)

```
1.          In[1]: import numpy as np
2.             . . . :
3.             . . . : arr = np. arange(6). reshape((2,3))
4.             . . . : arr
5.          Out[1]:
6.          array([[0, 1, 2],
7.                 [3, 4, 5]])
```

```
8.
9.     In[2]：arr1 = arr. transpose()
10.
11.    In[3]：arr1
12.    Out[3]：
13.    array([[0，3]，
14.           [1，4]，
15.           [2，5]])
16.
17.    In[4]：arr
18.    Out[4]：
19.    array([[0，1，2]，
20.           [3，4，5]])
21.
22.    In[5]：arr. T
23.    Out[5]：
24.    array([[0，3]，
25.           [1，4]，
26.           [2，5]])
27.
28.
29.    In[7]：arr2 = arr. swapaxes(0,1)  # 交换 0 轴和 1 轴
30.
31.    In[8]：arr2
32.    Out[8]：
33.    array([[0，3]，
34.           [1，4]，
35.           [2，5]])
```

axes 参数如果不指定就是反转原数组的轴的次序，如果指定，必须是包含 [0，1，…，N-1] 的排列的元组或列表，其中 N 是 a 的轴数 ndim。返回的数组的第 i 个轴将对应于输入的轴编号 axes[i]。

```
1.     In[1]：import numpy as np
2.        . . . :
3.        . . . ：arr = np. arange(24). reshape((2,3,4))
4.
5.     In[2]：arr1 = arr. transpose()
6.
7.     In[3]：arr1. shape
```

| 8. | Out[3]：(4, 3, 2) |
|---|---|
| 9. | |
| 10. | In[4]：arr2 = arr. transpose((2,0,1)) |
| 11. | |
| 12. | In[5]：arr2. shape |
| 13. | Out[5]：(4, 2, 3) |

## （三）数组的展平

数组散开（ravel）或数组摊平（flatten）是把多维的数组展平成一维的。

下面的实例，分别使用 array. ravel() 和 array. flatten() 对数组进行扁平化处理。

| 1. | In[2]：a = np. arange(6). reshape(2,3) |
|---|---|
| 2. | |
| 3. | In[3]：a |
| 4. | Out[3]： |
| 5. | array([[0, 1, 2], |
| 6. | [3, 4, 5]]) |
| 7. | |
| 8. | In[4]：b = a. ravel()　# ravel()方法 |
| 9. | |
| 10. | In[5]：c = a. flatten()　# flatten()方法 |
| 11. | |
| 12. | In[6]：b |
| 13. | Out[6]：array([0, 1, 2, 3, 4, 5]) |
| 14. | |
| 15. | In[7]：c |
| 16. | Out[7]：array([0, 1, 2, 3, 4, 5]) |

观察返回结果会发现，ravel() 函数与 flatten() 函数获得的结果一致。但是二者还是有区别，请看下方代码的执行。

| 1. | In[8]：b[0] = 100 |
|---|---|
| 2. | |
| 3. | In[9]：c[1] = 200 |
| 4. | |
| 5. | In[10]：b |
| 6. | Out[10]：array([100, 1, 2, 3, 4, 5]) |
| 7. | |
| 8. | In[11]：c |
| 9. | Out[11]：array([ 0, 200, 2, 3, 4, 5]) |

```
10.
11.      In[12]: a
12.      Out[12]:
13.      array([[100,  1,  2],
14.              [  3,  4,  5]])
```

观察返回结果会发现，修改 ndarray.ravel( ) 函数摊平获得的数组，会改变原数组，而对 ndarray.flatten( ) 摊平的数组进行修改不会影响原数组。

### （四）数组的合并

数组的合并/堆叠是数组的常见操作，即将两个数组沿着指定轴合并成一个数组，并不改变原数组。

**1. numpy. stack（arrays，axis =0）** 将一系列数组沿 0 轴堆叠。axis 参数也可以设置为其他轴。axis = 0，将沿 0 轴，如果 axis = −1 将沿最后一个轴。

其中参数代表如下。

- arrays：要堆叠的一系列数组，数组的形状需要是相同的。
- axis：int，默认为 0。指定数组的堆叠方向。
- 返回：数组堆叠的结果。

使用 numpy.stack( ) 合并数组，分别设置 axis 为 0 或 1，观察输出结果的差异。

```
1.       In[1]: import numpy as np
2.
3.       In[2]: a1 = np. arange(3)
4.
5.       In[3]: a2 = np. arange(3,6)
6.
7.       In[4]: a1
8.       Out[4]: array([0, 1, 2])
9.
10.      In[5]: a2
11.      Out[5]: array([3, 4, 5])
12.
13.      In[6]: a3 = np. stack((a1,a2),axis =0)
14.
15.      In[7]: a3
16.      Out[7]:
17.      array([[0, 1, 2],
18.              [3, 4, 5]])
19.
20.      In[8]: a4 = np. stack((a1,a2),axis =1)
21.
```

```
22.    In［9］：a4
23.    Out［9］：
24.    array（[[0，3]，
25.           [1，4]，
26.           [2，5]]）
```

**2. 纵向堆叠和横向堆叠**　numpy.hstack（）函数实现数组水平方向的堆叠（即 1 轴方向），numpy.hstack（tup）的参数 tup 是放入容器中的用于堆叠的数组，返回结果为 numpy 的数组。numpy.vstack（）函数实现数组垂直方向的堆叠（即 0 轴方向）。

下面的实例分别使用 hstack 与 vstack 拼接数据，观察其输出的差异。

```
1.    In［1］：import numpy as np
2.
3.    In［2］：a1 = np. ones（（2,3））
4.       …：a2 = np. zeros（（2,3））
5.
6.    In［3］：a3 = np. vstack（（a1,a2））
7.
8.    In［4］：a3
9.    Out［4］：
10.   array（[[1.，1.，1.]，
11.          [1.，1.，1.]，
12.          [0.，0.，0.]，
13.          [0.，0.，0.]]）
14.
15.   In［5］：a4 = np. hstack（（a1,a2））
16.
17.   In［6］：a4
18.   Out［6］：
19.   array（[[1.，1.，1.，0.，0.，0.]，
20.          [1.，1.，1.，0.，0.，0.]]）
```

**3. 行堆叠和列堆叠**　row_stack 和 column_stack 与 row_stack、column_stack 的使用方法相似。

下面的实例分别使用 row_stack 与 column_stack 拼接数据，观察其输出的差异。

```
1.    In［8］：a5 = np. array（[1，2，3]）
2.       …：a6 = np. array（[4，5，6]）
3.       …：a7 = np. array（[7，8，9]）
4.
5.    In［9］：a8 = np. row_stack（（a5，a6，a7））
```

```
6.
7.      In[10]：a8
8.      Out[10]：
9.      array([[1, 2, 3],
10.            [4, 5, 6],
11.            [7, 8, 9]])
12.
13.     In[11]：a9 = np. column_stack((a5，a6，a7))
14.
15.     In[12]：a9
16.     Out[12]：
17.     array([[1, 4, 7],
18.            [2, 5, 8],
19.            [3, 6, 9]])
```

**4. numpy. concatenate（arrays，axis = 0）函数**　用于将一系列数组（arrays）沿着已经存在的轴（axis）合并为一个矩阵。

使用 concatenate() 合并两个数组，分别设置 axis = 0 和 axis = 1，观察输出结果。

```
1.      In[1]：import numpy as np
2.         ...：a1 = np. ones((3,3))
3.         ...：a2 = np. zeros((3,3))
4.
5.      In[2]：a10 = np. concatenate((a1，a2),axis = 0)
6.
7.      In[3]：a10
8.      Out[3]：
9.      array([[1. , 1. , 1. ],
10.            [1. , 1. , 1. ],
11.            [1. , 1. , 1. ],
12.            [0. , 0. , 0. ],
13.            [0. , 0. , 0. ],
14.            [0. , 0. , 0. ]])
15.
16.     In[4]：a11 = np. concatenate((a1，a2),axis = 1)
17.
18.     In[5]：a11
19.     Out[5]：
```

| 20. | array([[1. , 1. , 1. , 0. , 0. , 0. ], |
| 21. | [1. , 1. , 1. , 0. , 0. , 0. ], |
| 22. | [1. , 1. , 1. , 0. , 0. , 0. ]]) |

### (五) 数组的拆分

与数组合并相反, NumPy 提供了 numpy. hsplit、numpy. vsplit 和 numpy. split 等方法分别实现数组的横向、纵向和指定方向的分割。数组的拆分操作不改变原数组。

**1. 等分切割** numpy. hsplit 与 numpy. vsplit 分别对数组实现横向与纵向的等分切割。

分别使用 numpy. hsplit/numpy. vsplit 拆分数组, 观察原数组是否发生变化。

```
1.    In[1]: import numpy as np
2.
3.    In[2]: a1 = np. arange(16). reshape((4,4))
4.
5.    In[3]: a2,a3 = np. hsplit(a1,2)
6.
7.    In[4]: a2
8.    Out[4]:
9.    array([[ 0,  1],
10.           [ 4,  5],
11.           [ 8,  9],
12.           [12, 13]])
13.
14.    In[5]: a3
15.    Out[5]:
16.    array([[ 2,  3],
17.           [ 6,  7],
18.           [10, 11],
19.           [14, 15]])
20.
21.    In[6]: a4,a5 = np. vsplit(a1,2)
22.
23.    In[7]: a4
24.    Out[7]:
25.    array([[0, 1, 2, 3],
26.           [4, 5, 6, 7]])
27.
28.    In[8]: a5
29.    Out[8]:
```

```
30.        array([[ 8,  9, 10, 11],
31.               [12, 13, 14, 15]])
32.
33.        In[10]: a1
34.        Out[10]:
35.        array([[ 0,  1,  2,  3],
36.               [ 4,  5,  6,  7],
37.               [ 8,  9, 10, 11],
38.               [12, 13, 14, 15]])
```

观察输出可发现，数组的拆分操作并不改变原数组。

**2. 不等分切割**　numpy. split( ary, indices_or_sections, axis = 0)，在参数 axis = 0 时沿着 0 轴分割，axis = 1 时沿着 1 轴分割。indices_or_sections 设置为整数或数组，用于规定分割的数量。在下面的实例中，indices_or_sections 设置为 [1, 2]，这意味着在 axis = 1 的方向上，被分割成三列： [ : 1]，[1 : 2]，[2 :]。

```
1.         In[11]: a6, a7, a8 = np. split( a1, [1,2], axis = 1)
2.
3.         In[12]: a6
4.         Out[12]:
5.         array([[ 0],
6.                [ 4],
7.                [ 8],
8.                [12]])
9.
10.        In[13]: a7
11.        Out[13]:
12.        array([[ 1],
13.               [ 5],
14.               [ 9],
15.               [13]])
16.
17.        In[14]: a8
18.        Out[14]:
19.        array([[ 2,  3],
20.               [ 6,  7],
21.               [10, 11],
22.               [14, 15]])
```

观察输出可发现，数组的不等分切割操作中的区间是左闭右开区间，拆分并不改变原数组。

## 五、索引与切片

数据分析的过程中，常会根据需要选取数据中的一部分进行处理，NumPy 中通过索引和切片对数组中元素进行选取。

### （一）使用索引获取数据

在数组中，可以使用索引，也就是在方括号 ［　］ 中标明数据的位置的方法来获取数据，如果是多维数组，维度之间用"，" 分割。

如果多维数据的结构如下，现在需要通过索引获得 1 行 2 列的数据 7。

| 0 | 1 | 2 | 3 | 4 |
|---|---|---|---|---|
| 5 | 6 | 7 | 8 | 9 |
| 10 | 11 | 12 | 13 | 14 |

通过索引获取数组中指定位置的数据的操作如下所示：

```
1.      In［1］: import numpy as np
2.        ...: a1 = np. arange（15）. reshape（（3，5））
3.
4.      In［2］: a1
5.      Out［2］:
6.      array（［［ 0， 1， 2， 3， 4］，
7.             ［ 5， 6， 7， 8， 9］，
8.             ［10，11，12，13，14］］）
9.
10.     In［3］: a1［1,2］
11.     Out［3］: 7
```

这里需要注意：多维数组的索引和切片语法和 Python 的多维序列（如嵌套列表）是不一样的，在嵌套列表中，只能用 a1［1］［2］ 的方式，但是多维数组既可以用 a1［1］［2］ 也可以用 a1［1，2］，而且用 a1［1，2］ 的方式更为常见。

索引值可以是负的，表示位置逆向计数。其序列标注如下，正索引从 0 开始，逆索引从 -1 开始。

| 0 | 1 | 2 | 3 | 4 |
|---|---|---|---|---|
| -5 | -4 | -3 | -2 | -1 |

### （二）使用切片获取数据

索引可以获取数组中某个指定的数据，切片则可以获取数组中某个指定的区域。

切片的语法为：ndarray［start：end：step］

其中 ［start，end） 为切片范围，start 是开始索引位（含），默认是 0，end 是结束索引位（不含），默认是最后位，step 是获取数据的索引位单步间隔，默认为 1，当为负数时，逆向取数。如果是多维数

组，维度之间用","分割。

如果要在下面的多维数组中获得切片数据

| 0 | 1 | 2 | 3 | 4 |
|---|---|---|---|---|
| 5 | 6 | 7 | 8 | 9 |
| 10 | 11 | 12 | 13 | 14 |

```
1.    In[4]: a1[:2,3:]
2.    Out[4]:
3.    array([[3,4],
4.           [8,9]])
```

代码中 a1 [:2，3:] 的 ":2" 表示 0 到 2 行，不包含 2 行，"3:" 表示 3 到最后一列，两个分量合成在一起表达了切片的位置。

其他获取数组的中指定元素的实例：

```
1.    In[5]: # 选取第 0 行中第 1 列到第 2 列的元素
2.       ...: a1[0, 1:3]
3.    Out[5]: array([1, 2])
4.
5.    In[6]: # 选取倒数第 3 列的元素
6.       ...: a1[:, -3]
7.    Out[6]: array([ 2,  7, 12])
8.
9.    In[7]: # 第 0 行与第 1 行中第 3、第 4 列元素
10.      ...: a1[:2, 3:]
11.   Out[7]:
12.   array([[3,4],
13.          [8,9]])
14.
15.   In[9]: # 选取第 1 行第 2 列与第 2 行第 1 列的元素
16.      ...: a1[(1, 2), (2, 1)]
17.   Out[9]: array([ 7, 11])
18.
19.   In[10]: # 选取第 1 行与第 2 行中第 0、2、3 列的元素
20.      ...: a1[1:3, (0, 2, 3)]
21.   Out[10]:
22.   array([[ 5,  7,  8],
23.          [10, 12, 13]])
```

### （三）布尔型索引

可以构建关于数组每个元素为真、为假的索引，然后利用该索引获取数据。

```
1.      In[11]: a1 >7
2.         Out[11]:
3.         array([[False, False, False, False, False],
4.                [False, False, False,  True,  True],
5.                [ True,  True,  True,  True,  True]])
```

通过布尔型索引获取数据：

```
1.      In[12]: a1[a1 >7]
2.         Out[12]: array([ 8,  9, 10, 11, 12, 13, 14])
```

本例中创建了一个布尔型数组，通过其对应元素的 True/False 作为索引来选择数组 a1 中的元素，并顺利抓取了所有索引位置为 True 的数组元素。

### （四）数组的遍历

对于一维数组，可以用循环的方式遍历元素，对于多维数组可以用多层嵌套循环的方式遍历，也可以用平坦化的方式。

展平数组，并对其中元素进行遍历操作。

```
1.      In[1]: import numpy as np
2.
3.      In[2]: arr = np. arange(15). reshape(3,5)
4.
5.      In[3]: for a in arr:
6.         ...:      print(a, end = " \t")
7.         ...:
8.      [0 1 2 3 4]    [5 6 7 8 9]    [10 11 12 13 14]
9.
10.     In[4]: for a in arr. flat:
11.        ...:      print(a, end = " \t")
12.        ...:
13.     0  1  2  3  4  5  6  7  8  9  10  11  12  13  14
14.
15.     In[5]: for a in arr. ravel():
16.        ...:      print(a, end = " \t")
17.        ...:
18.     0  1  2  3  4  5  6  7  8  9  10  11  12  13  14
```

另外，NumPy 还提供了一个 nditer 迭代器对象，它可以配合 for 循环完成对数组元素的遍历。

使用 nditer 迭代器与 for 循环遍历数组：

```
1.          In[6]: for a in np.nditer(arr):
2.          ...:        print(a, end = " \t")
3.          ...:
4.          0  1  2  3  4  5  6  7  8  9  10  11  12  13  14
```

使用函数式编程方式是更简单的方法。

numpy.apply_along_axis(func1d, axis, arr, *args, **kwargs)

```
1.          In[1]: import numpy as np
2.
3.          In[2]: a = np.array([[8,1,7], [4,3,9], [5,2,6]])
4.
5.          In[3]: a
6.          Out[3]:
7.          array([[8, 1, 7],
8.                 [4, 3, 9],
9.                 [5, 2, 6]])
10.
11.         In[5]: np.apply_along_axis(sorted, axis = 1, arr = a)
12.         Out[5]:
13.         array([[1, 7, 8],
14.                [3, 4, 9],
15.                [2, 5, 6]])
16.
17.         In[6]: np.apply_along_axis(np.mean, axis = 0, arr = a)
18.         Out[6]: array([5.66666667, 2.        , 7.33333333])
19.
20.         In[7]: np.apply_along_axis(np.mean, axis = 1, arr = a)
21.         Out[7]: array([5.33333333, 5.33333333, 4.33333333])
```

# 任务二    使用 NumPy 进行科学计算

## 一、数组的运算

数组的运算包括数组与标量的运算、数组间的算术运算、比较运算、条件逻辑运算等，功能强大，而且以多维数组作为输出结果。

**（一）数组的算术运算**

**1. 数组与标量的运算**　数组的算术运算符包括：＋、－、＊、／、＊＊。运算不改变原数组，如果后面要引用，要把结果绑定到一个名称上。

```
1.       In[1]: import numpy as np
2.          ...:
3.          ...: a = np. arange(6). reshape(2, 3)
4.
5.       In[2]: a
6.       Out[2]:
7.       array([[0, 1, 2],
8.              [3, 4, 5]])
9.
10.      In[3]: a + 10
11.      Out[3]:
12.      array([[10, 11, 12],
13.             [13, 14, 15]])
14.
15.      In[4]: a * 2
16.      Out[4]:
17.      array([[ 0,  2,  4],
18.             [ 6,  8, 10]])
19.
20.      In[5]: a/10
21.      Out[5]:
22.      array([[0. ,  0.1, 0.2],
23.             [0.3, 0.4, 0.5]])
24.
25.      In[6]: a * *2
26.      Out[6]:
27.      array([[ 0,  1,  4],
28.             [ 9, 16, 25]])
29.
30.      In[7]: np. sqrt(a)
31.      Out[7]:
32.      array([[0.        , 1.        , 1.41421356],
33.             [1.73205081, 2.        , 2.23606798]])
```

**2. 数组间的算术运算**　数组之间可以进行算术运算，运算不改变原数组。

数组间的算术运算包括：加、减、乘、除、幂等。两个数组的形状相同，元素一一对应运算。

```
1.      In〔1〕: import numpy as np
2.         ...:
3.         ...: a = np. arange(2, 8). reshape(2, 3)
4.         ...: b = np. arange(5, 11). reshape(2, 3)
5.

6.      In〔2〕: a
7.      Out〔2〕:
8.      array(〔〔2, 3, 4〕,
9.            〔5, 6, 7〕〕)
10.

11.     In〔3〕: b
12.     Out〔3〕:
13.     array(〔〔 5,  6,  7〕,
14.            〔 8,  9, 10〕〕)
15.

16.     In〔4〕: a + b
17.     Out〔4〕:
18.     array(〔〔 7,  9, 11〕,
19.            〔13, 15, 17〕〕)
20.

21.     In〔5〕: a - b
22.     Out〔5〕:
23.     array(〔〔 -3, -3, -3〕,
24.            〔 -3, -3, -3〕〕)
25.

26.     In〔6〕: a * b
27.     Out〔6〕:
28.     array(〔〔10, 18, 28〕,
29.            〔40, 54, 70〕〕)
30.

31.     In〔7〕: a * * b
32.     Out〔7〕:
33.     array(〔〔       32,        729,       16384〕,
              〔   390625,  10077696, 282475249〕〕)
```

## （二）广播机制

两个数组具有相同的形状，其实是相同位置的元素一一对应运算的，如果形状不同的数组进行运算，就要用到广播机制了。

广播机制（broadcasting）是 NumPy 对不同形状的数组执行算术运算的规则。如果操作对象是两个数组，但是形状不相同，两个数组的后端维度（trailing dimension）有一个是 1 或者是相同的，则适用广播机制。所谓广播就是"较小形状"的数组重复地和"较大形状"的数组的多个部分运算。换一个视角看，好像两个数组通过填充规则，其形状变得一样了，于是元素可以一一对应运算。

例如图 8-4，a 数组的形状是（3,），b 数组的形状是（1,），两个数组的维度是一样的，两个数组的最后一维的值 a 是 3，b 是 1，适用广播机制，b 数组扩展到最后一维的值也是 3，然后就可以计算了。

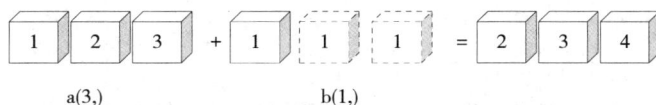

图 8-4　维度相同且其中一个数组的后端维度为 1

如图 8-5，现在 a 数组的形状是（2,3），b 数组的形状是（3,），两个数组的维度是不一样的，但是两个数组的最后一维的值 a 是 3，b 也是 3，适用广播机制，b 数组扩展到形状为（2,3），然后就可以计算了。

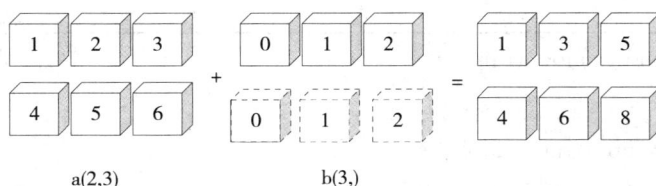

图 8-5　维度不同但数组的后端维度相同

如图 8-6，现在 a 数组的形状是（2,1），b 数组的形状是（3,），两个数组的维度不一样的，但是两个数组的最后一维的值 a 是 1，b 是 3，适用广播机制，先将 a 数组扩展到形状为（2,3），然后将 b 数组的形状扩展到（2,3），就可以计算了。

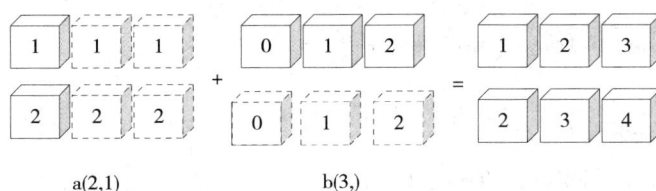

图 8-6　维度不同但其中一个数组的后端维度为 1

从上面的例子可以看出，就是反复判断后端维度是否为相等或者某一数组等于 1，满足条件就扩展，接着判断倒数第二维，直至扩展到两个数组的形状相同。

广播机制需要对维度较小的数组进行维度扩展，使得它与维度最大的数组的形状（shape）值相同，以便使用元素级函数或者运算符进行运算。但若两个数组都不能满足广播机制的条件，则数组无法进行运算，会抛出异常。

| 1. | In[1]: import numpy as np |
|----|---------------------------|
| 2. | |
| 3. | In[2]: a = np. ones((3,3)) |

```
4.
5.          In[3]: b = np. arange(4)
6.
7.          In[4]: a + b
8.          Traceback(most recent call last):
9.
10.            Cell In[4], line 1
11.              a + b
12.
13.          ValueError: operands could not be broadcast together with shapes (3,3) (4,)
```

### (三) 数组的逻辑运算

**1. 比较运算**  两个数组的比较运算支持 >、<、> =、< =、= =、! =等比较运算符，由各数组对应元素的比较结果的布尔值组成的布尔数组作为比较结果的返回值。

对两个数组进行比较运算。

```
1.        In[1]: import numpy as np
2.          ...:
3.          ...: a = np. array([2, 5, 8])
4.          ...: b = np. array([3, 5, 7])
5.
6.        In[2]: a > b
7.        Out[2]: array([False, False,  True])
8.
9.        In[3]: a < b
10.       Out[3]: array([ True, False, False])
11.
12.       In[4]: a = = b
13.       Out[4]: array([False,  True, False])
14.
15.       In[5]: a > = b
16.       Out[5]: array([False,  True,  True])
17.
18.       In[6]: a < = b
19.       Out[6]: array([ True,  True, False])
20.
21.       In[7]: a! = b
22.       Out[7]: array([ True, False,  True])
```

**2. 逻辑运算**　包括与、或、非（&，｜，～）。数组操作中，使用关系运算和逻辑运算构建复杂的规则，辅助进行数据筛选。

从数组中筛选大于 50 小于 80 的元素：

```
1.    In[1]: import numpy as np
2.
3.    In[2]: arr = np.arange(0, 100, 10)
4.
5.    In[3]: arr
6.    Out[3]: array([ 0, 10, 20, 30, 40, 50, 60, 70, 80, 90])
7.
8.    In[4]: arr[(arr > 50) & (arr < 80)]
9.    Out[4]: array([60, 70])
10.
11.   In[5]: arr[~(arr > 50)]
12.   Out[5]: array([ 0, 10, 20, 30, 40, 50])
```

本例中通过条件判断创建了一个布尔型数组，通过其对应元素的 True(1)/False(0) 作为索引来选择数组 arr 中的元素，并顺利抓取了所有索引位置为 True 的数组元素。

**3. 条件操作函数**　在 NumPy 中可以使用 numpy.where (condition, [x, y]) 函数处理满足条件的计算需求，如果满足条件 condition 则输出 x，否则输出 y；如果 x，y 为空则返回满足条件的值对应的索引，分别对应符合条件的元素的各维中的位置。

从数组 arr 中选取大于 50 的元素。

```
1.    In[6]: arr
2.    Out[6]: array([ 0, 10, 20, 30, 40, 50, 60, 70, 80, 90])
3.
4.    In[7]: np.where(arr > 50)
5.    Out[7]: (array([6, 7, 8, 9], dtype = int64),)
6.
7.    In[8]: arr[np.where(arr > 50)]
8.    Out[8]: array([60, 70, 80, 90])
9.
10.   In[9]: np.where(arr > 50, arr - 5, arr + 5)
11.   Out[9]: array([ 5, 15, 25, 35, 45, 55, 55, 65, 75, 85])
```

本例直接通过 numpy.where() 进行判断，找出 arr 中大于 50 的元素的索引 [6, 7, 8, 9]，然后通过此索引抓取数据。

条件操作函数已经可以解决不同条件下的选择性输出，但在实际的数据处理与应用中，经常需要进行较为复杂的判断操作，对于这类复合逻辑，就需要结合逻辑判断函数进行处理了。

**4. 逻辑判断函数**　主要有 np.logical_and、np.logical_or、np.logical_not 和 py.logical_xor 等，分别对

应与、或、非以及异或操作（表 8 - 6）。

表 8 - 6　逻辑判断函数

| 函数 | 说明 |
|---|---|
| numpy. logical_and(x, y) | x 与 y 同时成立时为 True |
| numpy. logical_or(x, y) | x 与 y 只要有一个成立即为 True |
| numpy. logical_not(x) | "非" 的操作 |
| numpy. logical_xor(x, y) | 异或操作 |

现有某班级各门课程的成绩如表 8 - 7 所示，请分别找出其中：

所有 60 分以上、90 分以下的成绩，60 分以下和 90 分以上的成绩及不小于 90 分的成绩。

表 8 - 7　成绩单

| 语文 | 数学 | 英语 | 政治 | 体育 |
|---|---|---|---|---|
| 98 | 47 | 91 | 70 | 54 |
| 76 | 69 | 89 | 90 | 69 |
| 39 | 37 | 42 | 43 | 34 |
| 90 | 61 | 54 | 75 | 67 |

具体处理思路：首先将成绩导入 ndarray 进行存储，然后使用 numpy. where( ) 结合逻辑判断函数判断数组中元素是否符合条件值，返回逻辑判断的布尔数组，再使用布尔型索引从原数组中抓取符合条件的元素。

```
1.        In[1]: import numpy as np
2.           ...: # 创建 ndarray 结构存储成绩单
3.           ...: score = np. array([[98,47,91,70,54],
4.           ...:                    [76,69,89,90,69],
5.           ...:                    [39,37,42,43,34],
6.           ...:                    [90,61,54,75,67]])
7.
8.        In[2]: score
9.        Out[2]:
10.      array([[98, 47, 91, 70, 54],
11.             [76, 69, 89, 90, 69],
12.             [39, 37, 42, 43, 34],
13.             [90, 61, 54, 75, 67]])
14.
15.      In[3]: # 60 到 90 之间的成绩
16.         ...: mask_1 = np. where(np. logical_and(score >= 60, score <= 90))
17.         ...: # 60 以下和 90 以上的成绩
18.         ...: mask_2 = np. where(np. logical_or(score < 60, score > 90))
```

```
19.          . . . : # 不小于 90 的成绩
20.          . . . : mask_3 = np. where( np. logical_not( score < 90 ) )
21.
22.     In[4]: score[mask_1]
23.     Out[4]: array([70, 76, 69, 89, 90, 69, 90, 61, 75, 67])
24.
25.     In[5]: score[mask_2]
26.     Out[5]: array([98, 47, 91, 54, 39, 37, 42, 43, 34, 54])
27.
28.     In[6]: score[mask_3]
29.     Out[6]: array([98, 91, 90, 90])
```

**5. 全部元素逻辑判断函数**　numpy. all( ) 和 numpy. any( )。

numpy. all( a, axis = None, out = None, )：沿着给定的 axis 判断元素，都为真返回 True，否则返回 False。如果 axis 是默认值 None，判断所有元素。对数值来说，0 为 False，非 0 为 True。

numpy. any( a, axis = None, out = None, )：沿着给定的 axis 判断元素，有一个为真返回 True，否则返回 False；不设置 axis，判断所有元素。

分别使用 numpy. all 与 numpy. any 判断数组中相应元素是否相等：

```
1.      In[1]: import numpy as np
2.
3.      In[2]: a = np. array([1, 3, 5])
4.          . . . : b = np. copy( a)
5.
6.      In[3]: # a 与 b 中所有元素是否都相等
7.          . . . : np. all( a = = b)
8.      Out[3]: True
9.
10.     In[4]: # a 与 b 中是否至少有一个元素相等
11.         . . . : np. any( a = = b)
12.     Out[4]: True
```

沿 0 轴判断所有元素是否都相等：

```
1.      In[7]: c = np. eye(3)
2.
3.      In[8]: np. all( c, axis =0)
4.      Out[8]: array([False, False, False])
5.
```

| 6. | In[9]: np.any(c, axis =0) |
| 7. | Out[9]: array([ True,   True,   True]) |

## 二、矩阵的运算

获取两个矩阵 a, b 的乘积, 可以使用下列两个函数:

- np.matmul(a, b, out = None)
- np.dot(a, b, out = None)

其中, a, b 是数组, 不允许是标量; out(可选参数) 是获取返回值的参数, 类型为 ndarray 数组, 记录作用后的结果。

某次考试后, 8 位同学的成绩分别如下, 请按照平时成绩70%、期末成绩30% 汇总最终成绩。

| 序号 | 平时成绩 | 期末成绩 | 最终成绩 |
| --- | --- | --- | --- |
| 1 | 77 | 78 | |
| 2 | 78 | 64 | |
| 3 | 83 | 60 | |
| 4 | 86 | 66 | |
| 5 | 65 | 73 | |
| 6 | 92 | 63 | |
| 7 | 84 | 69 | |
| 8 | 79 | 75 | |

观察平时成绩与期末成绩, 为 8 行 2 列的矩阵。利用矩阵乘法的特点, 将评分权重构造为 2 行 1 列的矩阵后可以进行矩阵乘法运算:

```
1.      In[1]: import numpy as np
2.
3.      In[2]: score_mat = np.array([[77, 78],
4.         ...:                     [78, 64],
5.         ...:                     [83, 60],
6.         ...:                     [86, 66],
7.         ...:                     [65, 73],
8.         ...:                     [92, 63],
9.         ...:                     [84, 69],
10.        ...:                     [79, 75]])
11.
12.     In[3]: arr_weight = np.array([[0.7],[0.3]])   # 构造权重矩阵
13.
14.     In[4]: np.matmul(score_mat, arr_weight)   # 用 matmul 计算矩阵乘法
15.     Out[4]:
```

```
16.            array([[77.3],
17.                   [73.8],
18.                   [76.1],
19.                   [80. ],
20.                   [67.4],
21.                   [83.3],
22.                   [79.5],
23.                   [77.8]])
24.
25.            In[5]: np.dot(score_mat, arr_weight)    # 用 dot 计算矩阵乘法
26.            Out[5]:
27.            array([[77.3],
28.                   [73.8],
29.                   [76.1],
30.                   [80. ],
31.                   [67.4],
32.                   [83.3],
33.                   [79.5],
34.                   [77.8]])
```

numpy. matmul( ) 和 numpy. dot( ) 的区别：二者都是矩阵乘法，但 np. matmul 中禁止矩阵与标量的乘法，两个二维数组的运算，可以认为 np. matmul 与 np. dot 没有区别。

## 三、NumPy 中数据统计的相关操作

### （一）数组的重复与去重

在统计分析中，经常会遇到需要将一个数据重复若干次的情况。在 NumPy 中可使用 numpy. repeat( ) 和 numpy. tile( ) 函数实现数据重复。

**1. numpy. repeat（a，repeats，axis = None）**　　按指定轴向重复数组中的元素，函数有 3 个参数，其中，a 指定需要重复的数组元素，repeats 指定 a 中元素的重复次数，axis 指定沿着哪个轴进行重复。

```
1.            In[1]: import numpy as np
2.
3.            In[2]: a = np. repeat(7., 4)    # 按指定次数重复数据
4.
```

```
5.
6.        In[3]: a
7.        Out[3]: array([7., 7., 7., 7.])

8.
9.        In[4]: arr1 = np.array([3,5])    # 定义数组 arr1
10.          ...: b = np.repeat(arr1, [3,2])    # 按指定次数重复数组中的元素

11.
12.       In[5]: b
13.       Out[5]: array([3, 3, 3, 5, 5])

14.
15.       In[6]: arr2 = np.array([[1,2],[3,4]])    # 定义数组 arr2
16.          ...: c = np.repeat(arr2, [3,2], axis=0)    # 按指定次数重复元素

17.
18.       In[7]: c
19.       Out[7]:
20.       array([[1,2],
21.              [1,2],
22.              [1,2],
23.              [3,4],
24.              [3,4]])

25.
26.       In[8]: d = arr2.repeat([3,2], axis=1)    # 沿指定轴和次数重复数据

27.
28.       In[9]: d
29.       Out[9]:
30.       array([[1, 1, 1, 2, 2],
               [3, 3, 3, 4, 4]])
```

**2. numpy. tile（a，reps）**　　将一个已有的数组重复一定的次数。tile（）函数有 2 个参数，其中，a 指定需要重复的数组；reps 为整数元组，用于指定每个轴上重复的次数。

```
1.        In[1]: import numpy as np
2.           ...: arr = np.array([3,5])
3.
4.        In[2]: a = np.tile(arr, 2)    # 按指定次数重复
5.
6.        In[3]: a
```

```
7.      Out[3]: array([3, 5, 3, 5])
8.
9.      In[4]: b = np.tile(arr, (3, 2))   # 按指定形状重复数组
10.
11.     In[5]: b
12.     Out[5]:
13.     array([[3, 5, 3, 5],
14.             [3, 5, 3, 5],
15.             [3, 5, 3, 5]])
16.
17.     In[6]: c = np.tile(15.0, (3, 2))   # 对数值进行重复
18.
19.     In[7]: c
20.     Out[7]:
21.     array([[15., 15.],
22.             [15., 15.],
23.             [15., 15.]])
```

注意：numpy.tile() 函数是对整个数组进行重复操作，而 numpy.repeat() 函数是对数组中的每个元素进行重复操作。

另外，在数据处理过程中，不可避免地会出现"脏"数据，而重复数据就是最常见的"脏"数据之一。在 NumPy 中可通过 numpy.unique() 函数找出数组中去重后的元素并返回已排序的数组，从而实现去除数组中重复数据的目的。

**3. numpy.unique（arr, return_index, return_inverse, return_counts）**　可以返回输入数组中去重后的值，并且按照从小到大的顺序排列。

其中，arr 表示输入的数组，如果不是一维数组则会展开；return_index 如果为 True，返回输入数组中去重数组的索引数组；return_inverse 如果为 True，返回去重数组的下标，可用于重构输入数组；return_counts 如果为 True，返回去重数组中的元素在原数组中出现的次数。

数组去重实例：

```
1.      In[1]: import numpy as np
2.         ...: prng = np.random.default_rng()
3.         ...: arr = prng.integers(low=5, high=10, size=10)
4.
5.      In[2]: arr
6.      Out[2]: array([9, 9, 8, 5, 8, 6, 9, 5, 9, 8], dtype=int64)
```

```
7.
8.     In[4]: u, indices = np.unique(arr, return_index = True) # 去重
9.
10.    In[6]: # 去重后的数组
11.       ...: u
12.    Out[6]: array([5, 6, 8, 9], dtype = int64)
13.
14.    In[7]: # 不重复数在原数组中的索引
15.       ...: indices
16.    Out[7]: array([3, 5, 2, 0], dtype = int64)
```

return_inverse 如果为 True，可以得到一个索引，通过这个索引可以从去重后的数据重构原数组：

```
1.     In[9]: # 从去重后数据,重构原数组的逆运算:
2.       ...: u, indices = np.unique(arr, return_inverse = True)
3.
4.     In[10]: u
5.     Out[10]: array([5, 6, 8, 9], dtype = int64)
6.
7.     In[11]: indices   # 从去重后数据,重构原数组的索引
8.     Out[11]: array([3, 3, 2, 0, 2, 1, 3, 0, 3, 2], dtype = int64)
9.
10.    In[12]: u[indices]
11.    Out[12]: array([9, 9, 8, 5, 8, 6, 9, 5, 9, 8], dtype = int64)
```

return_counts 如果为 True，可以得到不重复元素计数的数组，通过这个数组可以重构原数组，但是位置信息会丢失：

```
1.     In[13]: u, counts = np.unique(arr, return_counts = True)
2.
3.     In[14]: u
4.     Out[14]: array([5, 6, 8, 9], dtype = int64)
5.
6.     In[15]: counts
7.     Out[15]: array([2, 1, 3, 4], dtype = int64)
8.
9.     In[16]: np.repeat(u, counts)
10.    Out[16]: array([5, 5, 6, 8, 8, 8, 9, 9, 9, 9], dtype = int64)
```

### （二）数组中的排序

NumPy 提供了直接排序和间接排序等排序方式。其中，直接排序通常使用 numpy. sort() 函数，对数组中的元素按大小进行排序；间接排序则使用 numpy. argsort() 函数和 numpy. lexsort() 函数，根据一个或多个键值对数据进行排序。

**1. numpy. sort（a，axis，kind，order）**　是最常用的排序方法，函数返回被排序后的数组。

其中，a 为要排序的数组；axis 指明沿着它排序数组的轴；kind 为排序算法，默认为 'quicksort'（快速排序）；order 即如果数组包含字段，则是要排序的字段。

分别对向量和多维数组排序，观察 axis 参数不同时的排序结果：

```
1.      In[1]: import numpy as np
2.         ...: prng = np. random. default_rng()
3.         ...: arr = prng. integers(low = 1, high = 10, size = 12)
4.
5.      In[2]: arr
6.      Out[2]: array([1, 4, 7, 5, 3, 9, 8, 4, 5, 8, 9, 2], dtype = int64)
7.
8.      In[3]: np. sort(arr)
9.      Out[3]: array([1, 2, 3, 4, 4, 5, 5, 7, 8, 8, 9, 9], dtype = int64)
10.
11.     In[4]: arr
12.     Out[4]: array([1, 4, 7, 5, 3, 9, 8, 4, 5, 8, 9, 2], dtype = int64)
13.
14.     In[5]: # 创建一个多维数组,并对其进行排序
15.        ...: arr1 = arr. reshape(3, 4)
16.
17.     In[6]: arr1
18.     Out[6]:
19.     array([[1, 4, 7, 5],
20.            [3, 9, 8, 4],
21.            [5, 8, 9, 2]], dtype = int64)
22.
23.     In[7]: arr1. sort(axis = 0)    # 沿 0 轴方向排序
24.
25.     In[8]: arr1
26.     Out[8]:
```

```
27.          array([[1, 4, 7, 2],
28.                 [3, 8, 8, 4],
29.                 [5, 9, 9, 5]], dtype = int64)
30.
31.
32.          In[9]: arr1. sort(axis = 1)    # 沿 1 轴方向排序
33.
34.          In[10]: arr1
35.          Out[10]:
36.          array([[1, 2, 4, 7],
37.                 [3, 4, 8, 8],
38.                 [5, 5, 9, 9]], dtype = int64)
```

**2. numpy. argsort（a，axis = -1，kind = None，order = None）**    用于将数组排序后，返回数组元素从小到大依次排序的所有元素的索引组成的数组，使用方法和 sort 类似。

其中，a 为要排序的数组；axis 为按什么轴进行排序，默认按最后一个轴进行排序；kind 为排序方法，默认是快速排序；order 即当数组定义了字段属性时，可以按照某个属性进行排序。

生成十个数值的数组并打乱其顺序后，使用 argsort 对其排序：

```
1.           In[1]: import numpy as np
2.
3.           In[2]: arr1  = np. arange(1,11)
4.
5.           In[3]: arr1
6.           Out[3]: array([ 1,  2,  3,  4,  5,  6,  7,  8,  9, 10])
7.
8.           In[4]: import numpy as np
9.             ...: prng  = np. random. default_rng()
10.            ...: prng. shuffle(arr1)    # 洗牌
11.
12.          In[5]: arr1
13.          Out[5]: array([ 4,  7,  8,  1,  3, 10,  5,  6,  2,  9])
14.
15.          In[6]: arr1. argsort()        # 排序
16.          Out[6]: array([3, 8, 4, 0, 6, 7, 1, 2, 9, 5], dtype = int64)
```

代码第 16 行获得的数组，表示 arr1 排序后的索引。

**3. numpy. lexsort（keys，axis = -1）**    用于按照多个条件（键）进行排序，返回排序后索引组成的数组。

其中，keys 为序列或元组，要排序的不同的列；axis 为沿指定轴进行排序。

说明：lexsort 也是排序后从小到大输出索引：在 x = np. lexsort((b, a)) 中，按 a 先排序，如果有同名次的，再按 b 排序。

分别对 a、b 两个数组使用 lexsort(a, b) 和 lexsort(b, a) 进行排序，观察其结果：

```
1.      In[1]: import numpy as np
2.
3.      In[2]: a = np. array([2, 5, 8, 4, 3, 7, 6])
4.        ...: b = np. array([9, 4, 0, 4, 0, 2, 1])
5.
6.      In[3]: sort_indices = np. lexsort((a, b))   # 对 a,b 进行排序
7.
8.      In[4]: list(zip(a[sort_indices],b[sort_indices]))
9.      Out[4]: [(3, 0), (8, 0), (6, 1), (7, 2), (4, 4), (5, 4), (2, 9)]

10.     In[6]: sort_indices = np. lexsort((b, a))   # 改变排序的次序
11.
12.     In[7]: list(zip(a[sort_indices],b[sort_indices]))
13.     Out[7]: [(2, 9), (3, 0), (4, 4), (5, 4), (6, 1), (7, 2), (8, 0)]
```

### （三）NumPy 中常用的统计函数

NumPy 中的统计函数用法与其他环境下的用法基本类同，表 8 - 8 是常用的统计函数。

表 8 - 8　NumPy 中常用的统计函数

| 函数 | 解释 |
| --- | --- |
| min(a, axis) | 返回数组中的最小值或沿某轴向取最小值 |
| max(a, axis]) | 返回数组中的最大值或沿某轴向取最大值 |
| median(a, axis) | 沿指定轴向计算中位数 |
| sum(a, axis = None) | 沿指定轴向计算数组 a 相关元素之和，axis 为整数或元组 |
| mean(a, axis = None) | 沿指定轴向计算数组 a 相关元素的期望，axis 为整数或元组 |
| average(a, axis = None, weights = None) | 沿指定轴向计算数组 a 相关元素的加权平均值 |
| std(a, axis = None) | 沿指定轴向计算数组 a 相关元素的标准差 |
| var(a, axis = None) | 沿指定轴向计算数组 a 相关元素的方差 |
| argmax(a, axis)/argmin(a, axis) | 返回指定轴的最大值/最小值对应的索引 |

下面的代码，演示了使用函数计算常用的统计量：

```
1.          In[1]: import numpy as np
2.            ...: arr = np.arange(25).reshape((5,5))
3.
4.          In[2]: np.sum(arr, axis=0)
5.          Out[2]: array([50, 55, 60, 65, 70])
6.
7.          In[3]: arr
8.          Out[3]:
9.          array([[ 0,  1,  2,  3,  4],
10.                 [ 5,  6,  7,  8,  9],
11.                 [10, 11, 12, 13, 14],
12.                 [15, 16, 17, 18, 19],
13.                 [20, 21, 22, 23, 24]])
14.
15.
16.         In[5]: np.max(arr, axis=0) # 最大值
17.         Out[5]: array([20, 21, 22, 23, 24])
18.
19.         In[6]: np.min(arr, axis=0) # 最小值
20.         Out[6]: array([0, 1, 2, 3, 4])
21.
22.         In[7]: np.mean(arr, axis=0) # 均值
23.         Out[7]: array([10., 11., 12., 13., 14.])
24.
25.         In[8]: np.median(arr, axis=0) # 中位数
26.         Out[8]: array([10., 11., 12., 13., 14.])
27.
28.         In[9]: np.std(arr, axis=0) # 标准差
29.         Out[9]: array([7.07106781, 7.07106781, 7.07106781, 7.07106781, 7.07106781])
30.
31.         In[10]: np.var(arr, axis=0) # 方差
32.         Out[10]: array([50., 50., 50., 50., 50.])
33.
34.         In[11]: np.argmax(arr, axis=0) # 0 轴方法最大值的索引
35.         Out[11]: array([4, 4, 4, 4, 4], dtype=int64)
36.
37.         In[12]: np.argmin(arr, axis=0) # 0 轴方法最小值的索引
38.         Out[12]: array([0, 0, 0, 0, 0], dtype=int64)
39.
```

# 任务三　从文件中读/写数组

NumPy 提供了多种文件读写操作的相关函数，下面主要介绍文本文件及二进制文件的读写方法。

## 一、从文本文件中读取数据

numpy. loadtxt( fname, dtype, delimiter = None, skiprows = 0, usecols = None, unpack = False, encoding = 'bytes') 函数可以直接从文本文件中读取二维及二维以下数据。

其中，fname 代表 str，读取的 CSV 文件名；dtype 代表读取数据的类型；delimiter 代表 str，数据的分隔符；skiprows 代表 int，跳过多少行，一般用于跳过前几行的描述性文字；usecols 代表 tuple（元组），执行加载数据文件中的哪些列；unpack 代表如果 True，读取出来的数组是转置后的；encoding 代表 bytes，编码格式。

现有文本文件 file. txt，其中存储部分数据如下：

```
1 2 3 4 5 6
2 4 9 3 6 8
```

分别使用 Python 直接读取文件中的数据和使用 NumPy 读取文件中的数据。

使用 Python 直接读取文件中的数据的方法：

```
1.      In[1]: import numpy as np
2.
3.      In[2]: # 使用 Python 直接读取文件中的数据
4.         ...: temp = []
5.         ...: with open('file. txt') as f:
6.         ...:     for line in f:
7.         ...:         fields = line. split()
8.         ...:         cur_data = [float(x) for x in fields]
9.         ...:         temp. append(cur_data)
10.        ...: ndarr = np. array(temp)
11.
12.     In[3]: ndarr
13.     Out[3]:
14.     array([[1., 2., 3., 4., 5., 6.],
15.            [2., 4., 9., 3., 6., 8.]])
```

使用 NumPy 的 loadtxt 函数读取文件中的数据：

```
1.          In[4]: import numpy as np
2.             ...:
3.             ...: # 使用 NumPy 的 loadtxt 读取文件中的数据
4.             ...: ndarr = np.loadtxt('file.txt')
5.
6.          In[5]: ndarr
7.          Out[5]:
8.          array([[1., 2., 3., 4., 5., 6.],
9.                 [2., 4., 9., 3., 6., 8.]])
```

由本例可见，使用 NumPy 读取文档中的数据，代码要远比 Python 直接读取简单。

上例中，文档 file.txt 中的数据都是以空格进行分隔，此时可以直接读取。有时候，文档中的数据是以不同分隔符进行分隔的，此时读取文档数据就要使用"delimiter"参数指明分隔符。如下所示，file1.txt 文件中以","作为分隔符。

```
1, 2, 3, 4, 5, 6
2, 4, 9, 3, 6, 8
```

读取文档中以","分隔的数据：

```
1.          In[9]: ndarr = np.loadtxt('file1.txt', delimiter=',')
2.
3.          In[10]: ndarr
4.          Out[10]:
5.          array([[1., 2., 3., 4., 5., 6.],
6.                 [2., 4., 9., 3., 6., 8.]])
```

我们日常使用的多数数据都是结构化的，以表头标明各列数据的内容。如下所示，file2.txt 文档中是几位同学语文（w）、数学（s）、英语（y）、政治（z）、体育（t）等课程考试成绩，此时使用 NumPy 读取文档内容时需使用"skiprows"参数忽略表头，只读取其中的数据。

```
w, s, y, z, t
50, 89, 86, 67, 79
78, 97, 89, 67, 81
90, 94, 48, 67, 74
91, 91, 90, 67, 69
```

读取文档中有表头的数据：

```
1.      In［11］：ndarr ＝ np. loadtxt（'file2. txt'，delimiter ＝'，'，skiprows ＝1）
2.
3.      In［12］：ndarr
4.      Out［12］：
5.      array（［［50.，89.，86.，67.，79.］，
6.              ［78.，97.，89.，67.，81.］，
7.              ［90.，94.，48.，67.，74.］，
8.              ［91.，91.，90.，67.，69.］］）
```

## 二、向文本文件中写入数据

numpy. savetxt（frame，array，fmt ＝'％. 18e'，delimiter ＝ None，header，footer，comments ＝'#'，encoding ＝ None）函数用于将 NumPy 数组写入文本文件，其参数及用法与 numpy. loadtxt（）基本类同。

其中，frame 代表文件、字符串或产生器，可以是 . gz 或 . bz2 的压缩文件；array 代表存入文件的数组（一维或二维数组）；fmt 代表写入文件的格式，例如：％d ％. 2f ％. 18e；delimiter 代表 str 分隔列的字符串或字符；header 代表 str 将要写入文件头的字符串；footer 代表 str 将要写入文件尾的字符串；comments 代表 str 将在 header 和 footer 字符串前面加前缀的字符串，将它们标记为注释，默认值为"#"；encoding 代表 ｛None，str｝用于对输出文件进行编码的编码。

构造一个有 10 位同学"语文、数学、英语"成绩的表格文件，存储于文件 a. csv 中：

```
1.      In［1］：import numpy as np
2.
3.      In［2］：prng ＝ np. random. default_rng（）
4.          ...：arr = prng. integers（low ＝50，high ＝100，size ＝（5,8））
5.          ...：np. savetxt（"a. csv"，arr，fmt ＝"％d"，delimiter ＝"，"，header ＝'语文,数学,英语'，
6.      comments ＝''）
7.
8.      In［3］：prng ＝ np. random. default_rng（）
9.          ...：arr = prng. integers（low ＝50，high ＝100，size ＝（5,8））
10.         ...：np. savetxt（"a. csv"，arr，fmt ＝"％d"，delimiter ＝"，"，
11.         ...：              header ＝'语文,数学,英语'，comments ＝'，
12.         ...：              encoding ＝' utf8'）
```

读入数据：

```
1.    In[6]: b = np.loadtxt('a.csv',dtype = np.int32,
2.     ...:                  delimiter =',',skiprows = 1,
3.     ...:                  encoding ='utf8')
4.
5.    In[7]: b
6.    Out[7]:
7.    array([[62, 59, 84, 57, 73, 71, 92, 94],
8.           [68, 50, 84, 75, 64, 69, 99, 94],
9.           [56, 66, 76, 74, 83, 63, 74, 86],
10.          [85, 61, 85, 50, 81, 55, 55, 69],
11.          [73, 55, 50, 99, 81, 96, 60, 81]])
```

### 动手练

1. 创建一个 $2 \times 3 \times 4$ 的随机数组，并打印其形状和数据类型。

2. 将上述数组转换为一维数组，并打印其形状和数据类型。

3. 将上述数组的第 2 行第 3 列第 4 个元素的值改为 0，并打印修改后的数组。

4. 创建 10 个元素的一维数组，其中每个元素都是整数 1 ~ 10，但是不允许有重复值。

5. 创建 10 个元素的随机整数数组，并找到其中的最大值和最小值。

6. 创建 10 个元素的随机整数数组，并将其排序。

7. 创建 10 个元素的随机整数数组，并将其按升序排序，但是要求其中的奇数值在前面，偶数值在后面。

# 项目九　Pandas 模块的使用

## 学习目标

**职业能力目标**

掌握 Pandas 数据结构（包括 Series、DataFrame 等）的用途和特点；Pandas 数据文件的读取和写入；Series 数据结构的创建、索引、切片、算术运算等数据处理操作；DataFrame 数据结构的创建、索引、切片、算术运算等数据处理操作。

**典型工作任务**

在数据分析的工作中，大部分数据是一维或二维的，Pandas 模块就是专门为处理这样的数据准备的，数据的处理包括表格的拼接、定位和操作某行、某列的数据、所有元素的算术运算、删除/添加行或者列等。

## 任务一　用 Series 数据结构管理数据

Pandas 是基于 NumPy 的专门用于数据分析的开源的 Python 库。Pandas 纳入了一些标准的数据结构和大量库，提供了大量能快速、便捷地处理数据的函数，使之成为强大而高效的数据分析环境。

### 一、Series 数据结构

#### （一）Series 数据结构概述

Series 是 Pandas 的数据结构之一，是一维的、带索引的数据结构。索引（Index）是指序列中每个元素的编号。Pandas 索引默认从 0 开始，即序号为 0 的是第一个元素，序号为 1 的是第二个元素，以此类推，一直到 n−1，n 为 Series 的长度。

例如：［19，5，7，29］为一个 Series 对象。索引的值如下：

| 索引（Index） | 值（Values） |
| --- | --- |
| 0 | 19 |
| 1 | 5 |
| 2 | 7 |
| 3 | 29 |

用代码构建的方法如下：

```
1.        In[1]: import pandas as pd
2.           ...: import numpy as np
3.           ...: s = pd. Series([19, 5, 7, 29])
```

```
4.
5.          In[2]: s
6.          Out[2]:
7.          0    19
8.          1    5
9.          2    7
10.         3    29
11.         dtype: int64
```

除了默认索引，Pandas 也可以自定义索引，例如：用户为一个 Series 对象指定索引为 a，b，c，d。

| 索引（Index） | 值（Values） |
|---|---|
| a | 19 |
| b | 5 |
| c | 7 |
| d | 29 |

用代码构建的方法如下：

```
1.          In[3]: s = pd. Series([19, 5, 7, 29], index = ['a','b','c','d'])
2.
3.          In[4]: s
4.          Out[4]:
5.          a    19
6.          b    5
7.          c    7
8.          d    29
9.          dtype: int64
```

### （二）Series 数据结构的创建方法

创建 Series 对象有很多方法，例如通过列表创建、通过值创建，通过 Python 字典创建和通过 ndarray 创建。如表 9 - 1 所示。

**表 9 - 1　创建 Series 对象的方法**

| 创建方法 | 示例代码 |
|---|---|
| 通过列表 | s = pd. Series([19, 5, 7, 29]) |
| 所有的值都一样 | In[2]: s = pd. Series(5, index = range(5))<br>In[3]: s<br>Out[3]:<br>0    5<br>1    5<br>2    5<br>3    5<br>4    5<br>dtype: int64 |

续表

| 创建方法 | 示例代码 |
|---|---|
| Python 字典 | In[2]：s = pd. Series({'a'：10, 'b'：20, 'c'：30, 'd'：40}, index = list('bcedf'))<br>In[3]：s<br>Out[3]：<br>b　　20.0<br>c　　30.0<br>e　　NaN<br>d　　40.0<br>f　　NaN<br>dtype: float64 |
| 通过 ndarray | In[4]：s = pd. Series(np. arange(5))<br>In[5]：s<br>Out[5]：<br>0　　0<br>1　　1<br>2　　2<br>3　　3<br>4　　4<br>dtype：int32 |

### （三）获取 Series 的索引和值

Series 对象是由索引 index 以及对应值 values 组成的。运行下面的代码可以获得 Series 的索引 index 及对应值 values：

```
1.    In[1]：import numpy as np
2.       ...：import pandas as pd
3.
4.    In[2]：s = pd. Series( np. arange(1,10,2))
5.
6.    In[3]：s. index
7.    Out[3]：RangeIndex( start = 0, stop = 5, step = 1)
8.
9.    In[4]：s. values
10.   Out[4]：array([1, 3, 5, 7, 9])
```

### （四）使用索引和切片

**1. 普通索引和切片**　Series 对象的正索引数从 0 开始；负索引从 -1 开始。通过索引可以获取 Series 对象中的元素。通过切片可以提取 Series 对象中某一范围内的元素，提取的元素会组成一个新的序列，切片格式为：序列名[起始索引：终止索引：步长]，默认步长为1。

```
1.    In[5]：s = pd. Series({'a':10,'b':20,'c':30,'d':40},index = list('bcedf'))
2.
3.    In[6]：s['d']
4.    Out[6]：40.0
5.
```

| 6. | In[7]: s['b':'e'] |
|---|---|
| 7. | Out[7]: |
| 8. | b       20.0 |
| 9. | c       30.0 |
| 10. | e       NaN |
| 11. | dtype: float64 |
| 12. | |
| 13. | In[8]: s[0] |
| 14. | Out[8]: 20.0 |
| 15. | |
| 16. | In[9]: s[0:3] |
| 17. | Out[9]: |
| 18. | b       20.0 |
| 19. | c       30.0 |
| 20. | e       NaN |
| 21. | dtype: float64 |

用户自定义了索引，就可以通过索引'd'获取 Series 对象 s 中对应的值，即 40.0，同样可以像代码第6 行那样使用自定义索引完成切片。虽然用户自定义了索引，但还是可以使用代码第 13 行和第 16 行那样使用数字索引。

有时切片定义可以使用缺省值，例如通过切片操作 [：2]，可以获取 Series 中的前两个元素。在这里，s[：2] 表示获取 Series 对象中索引位置 0 开始到索引位置 1 的元素（不包含索引位置 2），对应的值为 20 和 30。

**2. 逻辑切片**    就是利用关系和逻辑表达式，对 Series 对象中的元素进行筛选。

| 1. | In[1]: import pandas as pd |
|---|---|
| 2. | |
| 3. | In[2]: s = pd. Series( {'a':10,'b':20,'c':30,'d':40}, index = list('bcedf')) |
| 4. | |
| 5. | In[3]: s[s>20] |
| 6. | Out[3]: |
| 7. | c       30.0 |
| 8. | d       40.0 |
| 9. | dtype: float64 |
| 10. | |
| 11. | In[4]: s>20 |
| 12. | Out[4]: |
| 13. | b    False |

| 14. | c　True |
| 15. | e　False |
| 16. | d　True |
| 17. | f　False |
| 18. | dtype：bool |
| 19. | |

这段代码中关系表达式 s > 20 返回一个布尔值的 Series 对象，其中大于 20 的元素为 True，小于等于 20 的元素为 False。使用逻辑切片 s［s>20］将满足条件的元素筛选出来。

通过逻辑运算符与或非（&，｜，~）可以构建更复杂的逻辑切片。

| 1. | In［5］：s［(s>10)&(s<=30)］ |
| 2. | Out［5］： |
| 3. | b　　20.0 |
| 4. | c　　30.0 |
| 5. | dtype：float64 |
| 6. | |
| 7. | In［6］：s［~(s<=30)］ |
| 8. | Out［6］： |
| 9. | e　　NaN |
| 10. | d　　40.0 |
| 11. | f　　NaN |
| 12. | dtype：float64 |
| 13. | |
| 14. | In［7］：s［(s>10)｜(s<=30)］ |
| 15. | Out［7］： |
| 16. | b　　20.0 |
| 17. | c　　30.0 |
| 18. | d　　40.0 |
| 19. | dtype：float64 |

## 二、Series 数据处理

### （一）in 运算符

in 是成员运算符，用于判断 Series 对象中是否包含一个特定的索引，如果有就返回 true，否则返回 false。代码如下所示：

| 1. | In［1］：import pandas as pd |
| 2. | ...： |
| 3. | ...：s = pd. Series( {'a':10,'b':20,'c':30,'d':40}, index = list('bcedf')) |

```
4.
5.        In[2]：'e' in s
6.        Out[2]：True
7.
8.        In[3]：'a' in s
9.        Out[3]：False
```

## （二）get( ) 方法

get( ) 方法用于返回指定索引的值，如果值不在字典中，则返回默认值。代码如下所示：

```
1.    In[4]：import pandas as pd
2.        . . . ：
3.        . . . ：s = pd. Series( {'a':10,'b':20,'c':30,'d':40} ,index = list('bcedf') )
4.
5.    In[5]：s. get('a')
6.
7.    In[6]：s. get('b')
8.    Out[6]：20. 0
9.
```

代码第 5 行 s. get（'a'）是用于获取索引为'a'的值，由于索引不存在，返回 None。代码第 7 行 s. get（'b'）是用于获取索引为'b'的值，所以输出 20. 0。

### （三）Series 对齐操作

两个 series 对象的算术运算，需要按照索引对齐。但是，当两个 series 中的标签索引不能一一对应时，运算结果将显示 NaN。代码如下所示：

```
1.    In[1]：import pandas as pd
2.        . . . ：import numpy as np
3.
4.    In[2]：#创建两个 Series 对象,分别为 s1 和 s2
5.        . . . ：s1 = pd. Series( np. arange(5) ,index = list('abcde') )
6.        . . . ：s2 = pd. Series( np. arange(4,9) ,index = list('cdefg') )
7.
8.    In[3]：s1
9.    Out[3]：
10.        a    0
11.        b    1
12.        c    2
```

```
13.            d   3
14.            e   4
15.            dtype：int32
16.
17.     In［4］：s2
18.     Out［4］：
19.            c   4
20.            d   5
21.            e   6
22.            f   7
23.            g   8
24.            dtype：int32
25.
26.     In［5］：#对两个 Series 对象进行相加操作
27.         ...：result = s1 + s2
28.
29.     In［6］：result
30.     Out［6］：
31.            a      NaN
32.            b      NaN
33.            c      6.0
34.            d      8.0
35.            e      10.0
36.            f      NaN
37.            g      NaN
38.            dtype：float64
```

's1 + s2' 是对两个 Series 对象进行相加，相加时会根据索引对应的数值进行计算。如果有一个索引在另一个 Series 对象中不存在，那么对应位置的值为 NaN（缺失值）。

### （四）获取去重后的值

在处理数据中，如果希望获取 Series 对象中去重之后的不同值或者唯一值，可以使用 unique（ ）函数。返回的结果是 ndarray，代码如下所示：

```
1.     In［7］：import pandas as pd
2.         ...：import numpy as np
3.         ...：#创建一个 Series 对象 s,包含了一组数据和索引
4.         ...：s = pd. Series（［60,30,20,20,50］）
5.         ...：#使用 unique（ ）方法获取 Series 中的唯一值
```

```
6.              ...：unique_values = s. unique()
7.
8.              In[8]：s
9.              Out[8]：
10.             0     60
11.             1     30
12.             2     20
13.             3     20
14.             4     50
15.             dtype：int64
16.
17.             In[9]：unique_values
18.             Out[9]：array([60，30，20，50]，dtype = int64)
```

### （五）值的频数

使用 value_counts() 方法计算每个值出现的频次，并计算每个不同值在 Series 对象中有多少重复值。代码如下所示：

```
1.              In[1]：import pandas as pd
2.              ...：#创建一个 Series 对象
3.              ...：s = pd. Series([0,2,1,1,2,3])
4.              ...：#计算每个值出现的频次
5.              ...：value_counts = s. value_counts()
6.
7.              In[2]：s
8.              Out[2]：
9.              0     0
10.             1     2
11.             2     1
12.             3     1
13.             4     2
14.             5     3
15.             dtype：int64
16.
17.             In[3]：value_counts
18.             Out[3]：
19.             2     2
```

| 20. | | 1 | 2 |
| --- | --- | --- | --- |
| 21. | | 0 | 1 |
| 22. | | 3 | 1 |
| 23. | dtype：int64 | | |

### （六）判断数值的存在性

isin（）函数可接受一个列表作为参数，判断列表中的元素是否在于 Series 对象中，代码如下所示：

```
1.    In［1］：import pandas as pd
2.       ...：import numpy as np
3.       ...：#创建一个 Series 对象
4.       ...：s = pd. Series（np. arange（5））
5.
6.    In［2］：s
7.    Out［2］：
8.    0    0
9.    1    1
10.   2    2
11.   3    3
12.   4    4
13.   dtype：int32
14.
15.   In［3］：is_existed = s［s. isin（［0,3］）］
16.
17.   In［4］：is_existed
18.   Out［4］：
19.   0    0
20.   3    3
21.   dtype：int32
```

代码 s. isin（［0，3］）是调用 Series 对象的 isin（）方法，用于判断 Series 对象中是否包含列表［0，3］中的元素。通过 s［s. isin（［0，3］）］还可以切片过滤出满足条件的元素，即取出值为 0 或 3 的元素。

### （七）判断是否存在空值

isnull（）可用来查找序列中的缺失值。值为 NaN 输出为 True，非 NaN 则输出为 False。代码如下所示：

```
1.      In[1]: import pandas as pd
2.        ...: import numpy as np
3.        ...: #创建两个 Series 对象 s1 和 s2,包含了一组数据,并指定索引
4.        ...: s1 = pd. Series( np. arange(5) ,index = ['a','b','c','d','e'])
5.        ...: s2 = pd. Series( np. arange(4,9) ,index = ['c','d','e','f','g'])
6.
7.      In[2]: #两个 Series 对象相加
8.        ...: s = s1 + s2
9.        ...:
10.       ...: #使用 s. isnul1( )判断每个元素是否为缺失值(NaN)
11.       ...: is_null = s. isnull( )
12.
13.     In[3]: is_null
14.     Out[3]:
15.     a      True
16.     b      True
17.     c      False
18.     d      False
19.     e      False
20.     f      True
21.     g      True
22.     dtype: bool
```

　　两个 Series 对象相加的操作中，由于索引不一致，会导致结果中有空值。通过 isnul1( ) 函数可以找出这些值的位置。从代码执行的结果看，索引为 a、b、f、g 的位置是空值。

　　notnull( ) 函数可以用于查找非空值，在下面的代码中，还利用逻辑切片获得了这些值。

```
1.      In[4]: # 判断不是缺失值(NaN)
2.        ...: is_notnull = s. notnull( )
3.
4.      In[5]: is_notnull
5.      Out[5]:
6.      a      False
7.      b      False
8.      c      True
9.      d      True
10.     e      True
11.     f      False
12.     g      False
```

```
13.            dtype：bool
14.
15.            In［6］：s［s. notnull（）］
16.            Out［6］：
17.            c       6. 0
18.            d       8. 0
19.            e       10. 0
20.            dtype：float64
```

# 任务二　用 DataFrame 数据结构管理数据

## 一、DataFrame 数据结构

DataFrame 对象是一种很像电子表格的数据结构，由索引、列、数值组成，如表 9 - 2 所示。

表 9 - 2　一个 DataFrame 对象的样例

| 索引（index） | 姓名（name） | 性别（gender） | 成绩（mark） |
|---|---|---|---|
| 0 | ZhangSan | F | 5 |
| 1 | LiSi | M | 4 |
| 2 | WangWu | M | 5 |
| 3 | ZhaoLiu | M | 4 |

如果选取其中的某列，得到的是 Series 对象。

## 二、Dataframe 数据结构的创建

创建 DataFrame 类型的对象，可以基于 ndarray，Python 容器对象等几种方式。

### 1. 通过 ndarray 创建 DataFrame 对象

```
1.     In［1］：import pandas as pd
2.        . . .：import numpy as np
3.        . . .：na = np. arange（8）. reshape（4,2）
4.
5.     In［2］：#创建 DataFrame 对象,行索引为［'a','b','c','d'］,列索引为 ［'C1','C2'］
6.        . . .：df = pd. DataFrame（na,index = ['a','b','c','d'],columns = ['C1','C2']）
7.
8.     In［3］：df
9.     Out［3］：
```

```
10.              C1   C2
11.         a    0    1
12.         b    2    3
13.         c    4    5
14.         d    6    7
```

这段代码使用 pd. DataFrame( ) 函数将二维数组 na 转换为 DataFrame 对象 df，指定行索引为 ['a', 'b', 'c', 'd']，列索引为 ['C1', 'C2']。

**2. 通过字典创建 DataFrame 对象**　字典的值可以是列表、元组和序列。代码示例如下所示：

```python
1.      In[1]: import pandas as pd
2.         ...: import numpy as np
3.         ...:
4.         ...: data = {'Title':['Introduction to Machine Learning with Python',
5.         ...:              'Deep Learning with Python',
6.         ...:              'Machine Learning with PyTorch and Scikit-Learn',
7.         ...:              'Machine Learning with Python Cookbook',
8.         ...:              'Probabilistic Deep Learning'],
9.         ...: 'Author':['Andreas Müller, Sarah Guido',
10.        ...:              'Francois Chollet',
11.        ...:              'Sebastian Raschka, Yuxi Liu',
12.        ...:              'Chris Albon',
13.        ...:              'Beate Sick, Oliver Duerr'],
14.        ...: 'Publisher':["O'Reilly Media",
15.        ...:              'Manning',
16.        ...:              'Packt Publishing',
17.        ...:              "O'Reilly Media",
18.        ...:              'Manning'],
19.        ...: 'Publication_date':[pd.Timestamp('2016/11/15'),
20.        ...:                    pd.Timestamp('2021/12/21'),
21.        ...:                    pd.Timestamp('2022/2/25'),
22.        ...:                    pd.Timestamp('2018/5/1'),
23.        ...:                    pd.Timestamp('2020/10/11')],
24.        ...: 'Price':[23.71,44.19,42.78,50.92,44.7]}
25.        ...:
26.        ...: df = pd.DataFrame(data)
27.
28.      In[2]: df
```

| | | Title | Author | Publisher | Publication_date | Price |
|---|---|---|---|---|---|---|
29. Out[2]:
| | 0 | Introduction to Machine Learning with Python | Andreas Müller, Sarah Guido | O'Reilly Media | 2016 – 11 – 15 | 23.71 |
| | 1 | Deep Learning with Python | Francois Ghollet | Manning | 2021 – 12 – 21 | 44.19 |
| | 2 | Machine Learning with PyTorch and Scikit – Learn | Sebastian Raschka, Yuxi Liu | Packt Publishing | 2022 – 02 – 25 | 42.78 |
| | 3 | Machine Learning with Python Cookbook | Chris Albon | O'Reilly Media | 2018 – 05 – 05 | 50.92 |
| | 4 | Probabilistic Deep Learning | Beate Sick, Oliver Duerr | Manning | 2020 – 10 – 11 | 44.70 |

36.

37.　　　[5 rows x 5 columns]

## 三、获得 DataFrame 的组成

### (一) 得到 DataFrame 的索引

通过 index 属性得到行索引，代码如下所示：

```
1.    In[1]: import pandas as pd
2.       ...: import numpy as np
3.
4.    In[2]: data = {'name': ['ZhangSan', 'LiSi', 'WangWu', 'ZhaoLiu'],
             'gender': ['F', 'M', 'M', 'M'], 'mark': [5, 4, 5, 4]}
5.       ...: df = pd.DataFrame(data)
6.
7.    In[3]: df
8.    Out[3]:
9.             name    gender   mark
10.       0   ZhangSan      F      5
11.       1     LiSi        M      4
12.       2   WangWu        M      5
13.       3   ZhaoLiu       M      4
14.
15.    In[4]: df.index
16.    Out[4]: RangeIndex(start = 0, stop = 4, step = 1)
```

运行得到结果为：RangeIndex(start = 0, stop = 4, step = 1)，索引从 0 开始，到 3 结束，步调为 1。

通过 columns 属性得到列索引，代码如下所示：

| 1. | In[5]: df. columns |
|---|---|
| 2. | Out[5]: Index(['name', 'gender', 'mark'], dtype='object') |

可以看到，列索引的类型和行索引不同。

### （二）得到所有的值

通过 values 属性得到所有的值，代码如下所示：

| 1. | In[6]: df. values |
|---|---|
| 2. | Out[6]: |
| 3. | array([['ZhangSan', 'F', 5], |
| 4. | ['LiSi', 'M', 4], |
| 5. | ['WangWu', 'M', 5], |
| 6. | ['ZhaoLiu', 'M', 4]], dtype=object) |

## 四、查看数据

如果要查看 DataFrame 对象中的若干行数据，可以使用 head() 和 tail() 函数，前者查看数据集的前几行，后者查看数据集的末尾几行，函数的参数可以设定为行的数量，如果不设置，默认是 5 行。

| 1. | In[1]: import pandas as pd |
|---|---|
| 2. | ...: import numpy as np |
| 3. | ...: |
| 4. | ...: data = {'name': ['ZhangSan', 'LiSi', 'WangWu', 'ZhaoLiu'], |
| | 'gender': ['F', 'M', 'M', 'M'], 'mark': [5, 4, 5, 4]} |
| 5. | ...: df = pd. DataFrame (data) |
| 6. | |
| 7. | In[3]: df. head(2) |
| 8. | Out[3]: |
| 9. |     name  gender  mark |
| 10. | 0  ZhangSan     F     5 |
| 11. | 1    LiSi     M     4 |
| 12. | |
| 13. | In[4]: df. tail(2) |
| 14. | Out[4]: |
| 15. |     name  gender  mark |
| 16. | 2  WangWu     M     5 |
| 17. | 3  ZhaoLiu     M     4 |

如果想要查看数值型数据的统计特征，例如：计数（count）、平均数（mean）、唯一值（unique）、最常见值（top）、最常见值频数（freq）、标准差（std）、最小值（min）、最大值（max）、下四分位数

（25%）、上四分位数（75%）、中位数（50%），可以使用 describe（）函数。

| | | |  |  |  |
|---|---|---|---|---|---|
| 1. | In[5]：df. describe( include ='all') | | | | |
| 2. | Out[5]： | | | | |
| 3. | | | name | gender | mark |
| 4. | | count | 4 | 4 | 4. 00000 |
| | | unique | 4 | 2 | NaN |
| 5. | | top | ZhangSan | M | NaN |
| 6. | | freq | 1 | 3 | NaN |
| 7. | | mean | NaN | NaN | 4. 50000 |
| 8. | | std | NaN | NaN0. 57735 | |
| 9. | | min | NaN | NaN | 4. 00000 |
| 10. | | 25% | NaN | NaN | 4. 00000 |
| | | 50% | NaN | NaN | 4. 50000 |
| | | 75% | NaN | NaN | 5. 00000 |
| | | max | NaN | NaN | 5. 00000 |

## 五、Dataframe 数据操作

### （一）数据的引用、选择和过滤

**1. 列引用** 下面代码第 8 行和第 16 行这两种方式是等价的，都可以完成对列的引用。

```
1.      In[1]：import pandas as pd
2.      ...：import numpy as np
3.      ...：
4.      ...：data = {'name'：['ZhangSan', 'LiSi', 'WangWu', 'ZhaoLiu'],
        ...：        'gender'：['F', 'M', 'M', 'M'],
5.      ...：        'mark'：[5, 4, 5, 4]}
6.      ...：df = pd. DataFrame（data）
7.
8.      In[2]：df['name']
9.      Out[2]：
10.     0    ZhangSan
11.     1      LiSi
12.     2    WangWu
13.     3    ZhaoLiu
14.     Name：name, dtype：object
15.
16.     In[3]：df. name
17.     Out[3]：
```

| 18. | 0 | ZhangSan |
| 19. | 1 | LiSi |
| 20. | 2 | WangWu |
| 21. | 3 | ZhaoLiu |
| 22. | Name：name，dtype：object | |

**2. 行引用**　可以使用 iloc、loc 属性，或者［　］运算符。iloc 和 loc 的区别是前者只能用数字索引，后者可以使用用户自定义的索引名。

```
1.     In［4］：# 获得第 2 行
2.        . . .：df. iloc［2］
3.     Out［4］：
4.     name    WangWu
5.     gender        M
6.     mark          5
7.     Name：2，dtype：object
8.
9.     In［5］：# 获得第 2 行
10.       . . .：df. loc［2］
11.    Out［5］：
12.    name    WangWu
13.    gender        M
14.    mark          5
15.    Name：2，dtype：object
16.
17.    In［6］：# 第 1，2 行
18.       . . .：df. iloc［［1，2］］
19.    Out［6］：
20.            name    gender      mark
21.        1      LiSi        M          4
22.        2    WangWu        M          5
23.
24.    In［7］：# 第 1 到第 2 行
25.       . . .：df［1：3］
26.    Out［7］：
27.            name    gender      mark
28.        1      LiSi        M          4
29.        2    WangWu        M          5
```

**3. 行列引用** 如果是同时限定行列的引用，可以通过 iloc，loc 设置两个分量，逗号前的分量表示行，逗号后面的分量表示列。

例如 iloc［0：2，［0，2］］，0：2 表示连续的 0，1 两行，也可以使用 start：end：step 的方式表示连续的行，还可以采用列表或者元组的方式选定的行，例如：［0，1］表示 0 行和 1 行，列的表示方法也是类似的。

如果通过 loc 来引用，就可以使用用户自定义的索引，如代码第 7 行，使用 ［'name', 'mark'］来表示列。

运算符 ［］的链式使用也可以同时引用行和列，例如代码第 22 行，df［'name'］［:］表示'name'列的所有行。

```
1.    In［12］: df. iloc［0：2，［0，2］］    #df. iloc［［0，1］，［0，2］］
2.    Out［12］:
3.              name      mark
4.          0   ZhangSanf    5
5.          1   LiSi         4
6.
7.    In［13］: df. loc［0：2，［'name'，'mark'］］
8.    Out［13］:
9.              name      mark
10.         0   ZhangSan     5
11.         1   LiSi         4
12.         2   WangWu       5
13.
14.    In［14］: df. iloc［:，0：3］
15.    Out［14］:
16.              name    gender    mark
17.         0   ZhangSan    F       5
18.         1   LiSi        M       4
19.         2   WangWu      M       5
20.         3   ZhaoLiu     M       4
21.
22.    In［15］: df［'name'］［:］
23.    Out［15］:
24.         0   ZhangSan
25.         1   LiSi
26.         2   WangWu
27.         3   ZhaoLiu
28.    Name：name, dtype: object
29.
```

```
30.        In[16]: df['name'][3]
31.        Out[16]: 'ZhaoLiu'
```

如果要修改数据最好使用 iloc，loc，而不是链式的［］，例如：

```
1.         In[1]: import pandas as pd
2.            ...: import numpy as np
3.            ...:
4.            ...: data = {'name': ['ZhangSan', 'LiSi', 'WangWu', 'ZhaoLiu'],
5.            ...:         'gender': ['F', 'M', 'M', 'M'],
6.            ...:         'mark': [5, 4, 5, 4]}
7.            ...: df = pd.DataFrame(data)
8.
9.         In[2]: df.loc[2, 'mark'] = 4.5
10.
11.        In[3]: df['mark'][3] = 4.5
12.        C:\Users\Chen\AppData\Local\Temp\ipykernel_45312\451753009.py:1: SettingWith-
13.        CopyWarning:
14.           A valueis trying to be set on a copy of a slice from a DataFrame
15.
16.        See the caveatsin the documentation:
17.        https://pandas.pydata.org/pandas-docs/stable/user_guide/indexing.html###returning-
           a-view-versus-a-copy
18.           df['mark'][3] = 4.5
```

代码第 11 行，使用链式的［］引用数据，就引发了一个警告。

**4. 选择和过滤**　DataFrame 同样可以采用逻辑切片的方式选择和过滤数据。

下面代码第 1 行，df['name'] == 'ZhangSan'，选择 name 等于'ZhangSan'的行，通过'mark'设置列。

代码第 16 行通过 df['mark'] < 5，过滤出成绩小于 5 的行。

```
1.         In[4]: df.loc[df['name'] == 'ZhangSan', 'mark']
2.         Out[4]:
3.         0     5.0
4.         Name: mark, dtype: float64
5.
6.         In[5]: df.loc[df['name'] == 'ZhangSan', 'mark'] = 4
7.
8.         In[6]: df
9.         Out[6]:
```

| | | name | gender | mark | ranking |
|---|---|---|---|---|---|
| 10. | | name | gender | mark | ranking |
| 11. | 0 | ZhangSan | F | 4.0 | 1 |
| 12. | 1 | LiSi | M | 4.0 | 1 |
| 13. | 2 | WangWu | M | 4.5 | 1 |
| 14. | 3 | ZhaoLiu | M | 4.5 | 1 |
| 15. | | | | | |
| 16. | In〔7〕: df〔df〔'mark'〕<5〕 | | | | |
| 17. | Out〔7〕: | | | | |
| 18. | | name | gender | mark | ranking |
| 19. | 0 | ZhangSan | F | 4.0 | 1 |
| 20. | 1 | LiSi | M | 4.0 | 1 |
| 21. | 2 | WangWu | M | 4.5 | 1 |
| 22. | 3 | ZhaoLiu | M | 4.5 | 1 |

### (二)改变 DataFrame 对象的结构

**1. 增加、删除列**　DataFrame 添加列的方式就是给一个新的列名，然后赋值。删除列使用 del 运算符，也可以使用 drop 函数。如果使用 drop 函数删除列，需要设置参数 axis = 1，也就是在 1 轴方向实施删除操作。下面是代码示例。

| | | name | gender | mark | ranking |
|---|---|---|---|---|---|
| 1. | In〔9〕: df〔'ranking'〕 = 1 | | | | |
| 2. | | | | | |
| 3. | In〔10〕: df | | | | |
| 4. | Out〔10〕: | | | | |
| 5. | | name | gender | mark | ranking |
| 6. | 0 | ZhangSan | F | 4.0 | 1 |
| 7. | 1 | LiSi | M | 4.0 | 1 |
| 8. | 2 | WangWu | M | 4.5 | 1 |
| 9. | 3 | ZhaoLiu | M | 4.5 | 1 |
| 10. | | | | | |
| 11. | In〔11〕: df〔'ranking'〕 = 〔4, 3, 2, 1〕 | | | | |
| 12. | | | | | |
| 13. | In〔12〕: df | | | | |
| 14. | Out〔12〕: | | | | |
| 15. | | name | gender | mark | ranking |
| 16. | 0 | ZhangSan | F | 4.0 | 4 |
| 17. | 1 | LiSi | M | 4.0 | 3 |
| 18. | 2 | WangWu | M | 4.5 | 2 |
| 19. | 3 | ZhaoLiu | M | 4.5 | 1 |
| 20. | | | | | |
| 21. | In〔13〕: del df〔'ranking'〕 | | | | |

```
22.
23.          In[14]: df
24.          Out[14]:
25.                    name      gender      mark
26.          0    ZhangSan        F       4.0
27.          1      LiSi          M       4.0
28.          2     WangWu         M       4.5
29.          3     ZhaoLiu        M       4.5
30.
31.          In[15]: df_dropcolumns = df. drop(['mark','gender'],axis = 1)
32.
33.          In[16]: df_dropcolumns
34.          Out[16]:
35.                    name
36.          0    ZhangSan
37.          1      LiSi
38.          2     WangWu
39.          3     ZhaoLiu
```

**2. 增加、删除行**　增加行，可以通过 loc 属性，也可以通过 concat 函数。使用 concat 函数时需要 ignore_index = True，否则会对齐两者的索引。

```
1.          In[1]: import pandas as pd
2.          ...: import numpy as np
3.          ...:
4.          ...: data = {'name': ['ZhangSan','LiSi','WangWu','ZhaoLiu'],
5.          ...:         'gender': ['F','M','M','M'],
6.          ...:         'mark': [5,4,5,4]}
7.          ...: df = pd. DataFrame (data)
8.
9.
10.         In[2]: df_new = pd. DataFrame({'name':['ZhaoBa'],'gender':['M'],'Mark':[4]})
11.
12.         In[3]: df
13.         Out[3]:
14.                   name      gender      mark
15.         0    ZhangSan        F        5
16.         1      LiSi          M        4
17.         2     WangWu         M        5
18.         3     ZhaoLiu        M        4
19.
```

```
20.
21.        In[4]: df = pd. concat((df,df_new), ignore_index = True)
22.
23.        In[5]: df
24.        Out[5]:
25.                  name      gender      mark
26.            0   ZhangSan       F          5
27.            1    LiSi          M          4
28.            2   WangWu         M          5
29.            3   ZhaoLiu        M          4
30.            4   ZhaoBa         M          4
```

删除指定索引行，可以用 drop 函数，下面的代码删除了索引为 1，2 的行：

```
1.        In[12]: df_droprows = df. drop([1, 2])
2.
3.        In[13]: df_droprows
4.        Out[13]:
5.                  name      gender      mark
6.            0   ZhangSan       F          5
7.            3   ZhaoLiu        M          4
            4   ZhaoBa         M          4
```

**3. 重设索引**　有时需要重新设置 DataFrame 对象的行和列索引，这时可以使用 reindex 和 rename 函数。reindex 和 rename 的作用相似，都可以用于重设索引。两者的主要区别如下。

（1）reindex 重组索引后索引的数量可能发生变化，rename 重组索引后，只是改名，索引的数量不会发生变化。

（2）reindex 重置索引时并不需要在参数中明确旧索引和新索引之间的联系，但是 rename 的索引重置操作时，可以接收字典或变换函数，明确旧索引和新索引之间的联系。

两个函数的重设索引，传递的参数形式很相似，有两种方式：①索引内容（reindex 函数用列表，rename 函数用字典）和轴（axis）；②直接使用 index/columns 关键字参数。

例如：将如下 DataFrame 对象的索引重置为 [3，2，1，0]。

|   | name | gender | mark |
|---|------|--------|------|
| 0 | ZhangSan | F | 5 |
| 1 | LiSi | M | 4 |
| 2 | WangWu | M | 5 |
| 3 | ZhaoLiu | M | 4 |

代码示例如下：

```
1.              In[1]: import pandas as pd
2.                 ...: import numpy as np
3.                 ...:
4.                 ...: data =  {'name': ['ZhangSan', 'LiSi', 'WangWu', 'ZhaoLiu'],
5.                 ...:           'gender': ['F', 'M', 'M', 'M'],
6.                 ...:           'mark': [5, 4, 5, 4]}
7.                 ...: df = pd. DataFrame(data)
8.
9.              In[2]: reindexed_df = df. reindex (labels = [3, 2, 1, 0], axis = 0)
10.
11.             In[3]: reindexed_df
12.             Out[3]:
13.                        name     gender      mark
14.                   3   ZhaoLiu      M         4
15.                   2   WangWu       M         5
16.                   1    LiSi        M         4
17.                   0   ZhangSan     F         5
18.
19.             In[4]: reindexed_df = df. reindex(index = [0, 1, 2, 3])
20.
21.             In[5]: reindexed_df
22.             Out[5]:
23.                        name     gender      mark
24.                   0   ZhangSan     F         5
25.                   1    LiSi        M         4
26.                   2   WangWu       M         5
27.                   3   ZhaoLiu      M         4
```

代码第 9 和第 19 行，用两种不同的参数形式完成了同样的任务，前者需要设置 axis，后者需要使用 index 关键字参数。

如果使用索引的数量和实际数据的数量不一致，数据就会填充为 NaN，如下面代码的第 10 行，原数据没有索引 4，也没有 ranking 列，所以数据就被填充成 NaN。

```
1.          In[7]: reindexed_df = df. reindex(index = [0, 1, 2, 3, 4],
2.                 columns = ['name', 'gender', 'mark', 'ranking'])
3.
4.          In[8]: reindexed_df
5.          Out[8]:
```

| | | name | gender | mark | ranking |
|---|---|---|---|---|---|
| 6. | | name | gender | mark | ranking |
| 7. | 0 | ZhangSan | F | 5.0 | NaN |
| 8. | 1 | LiSi | M | 4.0 | NaN |
| 9. | 2 | WangWu | M | 5.0 | NaN |
| 10. | 3 | ZhaoLiu | M | 4.0 | NaN |
| 11. | 4 | NaN | NaN | NaN | NaN |

如果使用 rename 函数重置索引，需要使用字典描述旧索引和新索引的对应关系。

```
1.    In[9]: renamed_df = df.rename(index = {0: 3, 1: 2, 2: 3, 3: 0},
2.      ...:         columns = {'name': 'Name', 'gender': 'Gender', 'mark': 'Mark'})
3.
4.    In[10]: renamed_df
5.    Out[10]:
6.            Name    Gender    Mark
7.      3    ZhangSan    F    5
8.      2    LiSi    M    4
9.      3    WangWu    M    5
10.     0    ZhaoLiu    M    4
```

## （三）DataFrame 的排序

如果有这样一个数据集：

| | name | gender | mark |
|---|---|---|---|
| 3 | ZhangSan | F | 5 |
| 2 | LiSi | M | 4 |
| 1 | WangWu | M | 5 |
| 0 | ZhaoLiu | M | 4 |

使用 sort_index 方法进行索引排序，按照行索引进行升序排序：

```
1.    In[1]: import pandas as pd
2.      ...: import numpy as np
3.      ...:
4.      ...: data = {'name': ['ZhangSan', 'LiSi', 'WangWu', 'ZhaoLiu'],
5.      ...:         'gender': ['F', 'M', 'M', 'M'],
6.      ...:         'mark': [5, 4, 5, 4]}
7.      ...: df = pd.DataFrame(data, index = [3, 2, 1, 0])
8.
9.    In[2]: df
10.   Out[2]:
```

```
11.              name    gender    mark
12.         3    ZhangSan      F        5
13.         2     LiSi         M        4
14.         1    WangWu        M        5
15.         0    ZhaoLiu       M        4
16.
17.    In［3］: df. sort_index(axis = 0, ascending = True)
18.    Out［3］:
19.              name    gender    mark
20.         0    ZhaoLiu       M        4
21.         1    WangWu        M        5
22.         2     LiSi         M        4
23.         3    ZhangSan      F        5
24.
25.    In［4］: df. sort_index(axis = 1, ascending = True)
26.    Out［4］:
27.            gender    mark      name
28.         3    F         5     ZhangSan
29.         2    M         4      LiSi
30.         1    M         5     WangWu
31.         0    M         4     ZhaoLiu
```

代码中 axis = 0 表示行排序，axis = 1 表示列排序，ascending = True 表示升序，ascending = False 表示降序。

sort_values 函数可以选择对某些列排序。下面代码第 1 行对 DataFrame 按照' name ' 的值进行升序排序，代码第 9 行，对 DataFrame 按照先按照' gender '再按照' name '的值进行升序排序。

```
1.     In［6］: df. sort_values('name', axis = 0, ascending = True)
2.     Out［6］:
3.              name    gender    mark
4.         2     LiSi         M        4
5.         1    WangWu        M        5
6.         3    ZhangSan      F        5
7.         0    ZhaoLiu       M        4
8.
9.     In［8］: df. sort_values(['gender', 'name'], axis = 0, ascending = True)
10.    Out［8］:
11.              name    gender    mark
12.         3    ZhangSan      F        5
13.         2     LiSi         M        4
14.         1    WangWu        M        5
15.         0    ZhaoLiu       M        4
```

## 六、DataFrame 对象的运算

### （一）算术运算（ + - * /）

算术运算可以是两个数据集之间的运算，也可以是数据集和常量或 Series、List 对象之间的运算。数据集和标量或 Series、List 对象之间的运算适用广播规则，两个数据集之间的运算是两个数据集相同索引位置的数值之间的计算，算术运算的规则为：①运算需基于行列索引对齐；②行列索引无法对齐的时候，缺项填充 NaN；③运算结果默认是浮点数。

**1. 加法、减法运算** 例如，将一个 3 行 3 列的数据集和一个 4 行 4 列的数据集相加，显然，行、列索引都没有办法对齐，这时候缺项就会用 NaN 填充。从下面代码的执行结果看，索引为 3 的行，和索引为 3 的列，因为没有对齐，填充了 NaN。

```
1.    In[1]: import pandas as pd
2.       ...: import numpy as np
3.       ...:
4.       ...: # 3 * 3 数据集
5.       ...: df1 = pd. DataFrame( np. arange(9) . reshape(3，3))
6.       ...:
7.       ...: # 4 * 4 数据集
8.       ...: df2 = pd. DataFrame( np. arange(16). reshape(4，4))
9.       ...:
10.      ...: # 相加
11.      ...: df1 + df2
12.   Out[1]:
```

| | 0 | 1 | 2 | 3 |
|---|---|---|---|---|
| 0 | 0.0 | 2.0 | 4.0 | NaN |
| 1 | 7.0 | 9.0 | 11.0 | NaN |
| 2 | 14.0 | 16.0 | 18.0 | NaN |
| 3 | NaN | NaN | NaN | NaN |

```
19.   In[2]: # 相减
20.       ...: df1 - df2
21.   Out[2]:
```

| | 0 | 1 | 2 | 3 |
|---|---|---|---|---|
| 0 | 0.0 | 0.0 | 0.0 | NaN |
| 1 | -1.0 | -1.0 | -1.0 | NaN |
| 2 | -2.0 | -2.0 | -2.0 | NaN |
| 3 | NaN | NaN | NaN | NaN |

**2. 乘法和除法运算**　其运算规则和加减类似，代码如下所示，在代码第 23 行，在 0 行 0 列的位置出现 NaN 的原因是除法运算的分母为 0，这时运算结果就不是一个数。

```
1.     In[1]: import pandas as pd
2.        ...: import numpy as np
3.        ...:
4.        ...: #3 * 3 数据集
5.        ...: df1 = pd. DataFrame( np. arange(9). reshape(3，3))
6.        ...:
7.        ...: #4 * 4 数据集
8.        ...: df2 = pd. DataFrame( np. arange(16). reshape(4，4))
9.
10.    In[2]: # 乘法
11.       ...: df1 * df2
12.    Out[2]:
13.              0      1      2      3
14.    0       0.0    1.0    4.0    NaN
15.    1      12.0   20.0   30.0    NaN
16.    2      48.0   63.0   80.0    NaN
17.    3       NaN    NaN    NaN    NaN
18.
19.    In[3]: # 除法
20.       ...: df1/df2
21.    Out[3]:
22.              0        1          2        3
23.    0       NaN    1.000000   1.000000    NaN
24.    1      0.75    0.800000   0.833333    NaN
25.    2      0.75    0.777778   0.800000    NaN
26.    3       NaN       NaN        NaN      NaN
```

**3. 算术运算对应的函数形式**　DataFrame 对象除了上面使用（ + － * /）运算符的方法完成算术运算，也可以采用函数的形式，表 9-3 是算术运算对应的函数形式。

表 9-3　算术运算对应的函数形式

| 算法 | 函数 |
| --- | --- |
| 加法 | DataFrame. add( other，axis = 'columns'，level = None，fill_ value = None) |
| 减法 | DataFrame. sub( other，axis = 'columns'，level = None，fill_value = None) |
| 乘法 | DataFrame. mul( other，axis = 'columns'，level = None，fill_value = None) |
| 除法 | DataFrame. div( other，axis = 'columns'，level = None，fill_value = None) |

其中，other 代表另一个数据，可以是 Series、DataFrame、List 数据对象，或者是常量；axis 可以用 0，1 或者 'index'，'columns' 表示，当 other 是 Series 对象时，用于匹配 Series 对象的索引；fill_value 代表当有缺失值时，用什么数值代替 NaN；level 代表当使用多级索引 MultiIndex，用于匹配索引。

下面的代码演示了 DataFrame 对象和常量、列表、Series 对象之间的运算。

```
In[1]: import numpy as np
   ...: import pandas as pd
   ...:
   ...: prng = np.random.default_rng(seed=5)
   ...: data = prng.random((5, 2))
   ...: df = pd.DataFrame(data, index=[1, 2, 3, 4, 5], columns=['A', 'B'])

In[2]: df
Out[2]:
          A          B
1    0.805003   0.807941
2    0.515326   0.285801
3    0.053931   0.383369
4    0.408473   0.045275
5    0.048758   0.999176

In[3]: # 加常量
   ...: df.add(1)
Out[3]:
          A          B
1    1.805003   1.807941
2    1.515326   1.285801
3    1.053931   1.383369
4    1.408473   1.045275
5    1.048758   1.999176

In[4]: # 减列表
   ...: df.sub([1, 2])
Out[4]:
```

| | | A | B |
|---|---|---|---|
| 30. | | A | B |
| 31. | 1 | − 0. 194997 | − 1. 192059 |
| 32. | 2 | − 0. 484674 | − 1. 714199 |
| 33. | 3 | − 0. 946069 | − 1. 616631 |
| 34. | 4 | − 0. 591527 | − 1. 954725 |
| 35. | 5 | − 0. 951242 | − 1. 000824 |
| 36. | | | |
| 37. | In[7]：# 乘 Series 对象 | | |
| 38. | ...：df. mul(pd. Series([1,2,3,4,5]), axis =0) | | |
| 39. | Out[7]： | | |
| 40. | | A | B |
| 41. | 0 | NaN | NaN |
| 42. | 1 | 1. 610006 | 1. 615882 |
| 43. | 2 | 1. 545977 | 0. 857404 |
| 44. | 3 | 0. 215723 | 1. 533476 |
| 45. | 4 | 2. 042366 | 0. 226376 |
| 46. | 5 | NaN | NaN |

代码第 37 行，由于 DataFrame 对象的行索引不是从 0 开始的，和 Series 对象的索引不一致，所以输出结果的第 1 行和最后一行都是 NaN，axis =0 参数的目的是让 DataFrame 对象和 Series 对象对齐行索引。

而且 DataFrame 对象和 Series 对象运算时，fill_value 不能使用。fill_value 参数可以在下面的场合中使用：

- df1. add(df2, fill_value =0)
- series1. add(series2, fill_value =0)
- df. add(pd. DataFrame(series), fill_value =0)

**4. 广播运算**　指低维数据集和高维数据集的每个元素分别运算。DataFrame 对象和常量之间进行计算时，常量会和 DataFrame 对象中每个元素进行计算。如代码 18 行的输出结果。

当 DataFrame 对象和 Series 对象或 List 对象之间进行计算时，默认是以行的方式广播的。如代码第 28 行的输出结果，列表 [1，2] 和 DataFrame 对象的每一行数据计算。

当 DataFrame 对象和 Series 对象计算时，如果要改成以列的方式广播就需要设置 axis =0，这时 Series 对象的元素就是一列，其中的元素会和 DataFrame 对象对应索引（索引对齐）的元素进行计算。

如果广播运算时出现索引无法对齐的情况，就用 NaN 填充。

```
1.      In[1]：import pandas as pd
2.      ...：import numpy as np
3.      ...：data =([0, 1, 2], [3, 4, 5], [6, 7, 8])
4.      ...：df = pd. DataFrame (data)
5.      ...：# 包含 0 到 4 的一维 Series
6.      ...：s = pd. Series(np. arange(5))
7.      ...：
8.      ...：# 减法运算
```

```
9.          ...：df - s
10.         Out［1］：
11.                 0   1   2    3    4
12.         0       0   0   0  NaN  NaN
13.         1       3   3   3  NaN  NaN
14.         2       6   6   6  NaN  NaN
15.
16.         In［2］：df. sub（s，axis =0）
17.         Out［2］：
18.                 0    1    2
19.         0     0.0  1.0  2.0
20.         1     2.0  3.0  4.0
21.         2     4.0  5.0  6.0
22.         3     NaN  NaN  NaN
23.         4     NaN  NaN  NaN
```

### （二）使用通用函数（ufunc）处理数据

NumPy 的通用函数 Universal functions（ufunc）是一种对 ndarray 中的数据执行运算的函数。包括算术运算函数（Math operations）、三角函数（Trigonometric functions）、位操作函数（Bit – twiddling functions）和比较函数（Comparison functions）等。

例如：可以使用算术运算函数 sgrt（）函数对 DataFrame 对象的元素进行平方根计算。

```
1.          In［1］：import pandas as pd
2.          ...：import numpy as np
3.          ...：data = np. arange（9）. reshape（（3，3））
4.
5.          In［2］：data
6.          Out［2］：
7.          array（［［0，1，2］，
8.                 ［3，4，5］，
9.                 ［6，7，8］］）
10.
11.         In［3］：df = pd. DataFrame（data）
12.
13.         In［4］：df
14.         Out［4］：
15.                 0   1   2
16.         0       0   1   2
17.         1       3   4   5
18.         2       6   7   8
```

```
19.      In[5]：np. sqrt(df)
20.      Out[5]：
21.                      0              1              2
22.        0    0.000000    1.000000    1.414214
23.        1    1.732051    2.000000    2.236068
24.        2    2.449490    2.645751    2.828427
25.
26.      In[6]：df[2]
27.      Out[6]：
28.      0     2
29.      1     5
30.      2     8
31.      Name：2，dtype：int32
32.
33.      In[7]：np. sin(df[2])    #只计算第 2 列的数据
34.      Out[7]：
35.      0     0.909297
36.      1    −0.958924
37.      2     0.989358
38.      Name：2，dtype：float64
```

### （三）用户自定义函数处理数据

使用 apply() 函数可以将用户自定义函数或通用函数应用到 DataFrame 对象的数据集，这样可以不需要写循环的代码，提高编程的效率。apply(func，axis = 0) 函数的第一个参数 func 是需要作用于数据集的函数，axis 是作用的方向，当 axis 为 0 时，作用于列，也就是操作一列中的数据；当 axis 为 1 时，作用于行，也就是操作一行中的数据。

例如：用自定义函数计算数据的极差（最大值和最小值之间的距离）。

```
1.      In[1]：import numpy as np
2.        ...：import pandas as pd
3.        ...：
4.        ...：prng = np. random. default_rng()
5.        ...：data = prng. integers（low = 5，high = 10，size = (5，2)）
6.        ...：df = pd. DataFrame(data，index = [1，2，3，4，5]，columns = ['A'，'B']）
7.
8.      In[2]：df
9.      Out[2]：
```

| 10. | | A | B |
|---|---|---|---|
| 11. | 1 | 8 | 6 |
| 12. | 2 | 7 | 6 |
| 13. | 3 | 7 | 7 |
| 14. | 4 | 5 | 9 |
| 15. | 5 | 8 | 9 |
| 16. | | | |
| 17. | In［3］：#定义一个 lambda 函数 f,计算数据的最大值和最小值之差 | | |
| 18. | 　．．．：f = lambda x：x. max( ) － x. min( ) | | |
| 19. | | | |
| 20. | In［4］：# 列数据的极差 | | |
| 21. | 　．．．：df. apply( f, axis = 0) | | |
| 22. | Out［4］： | | |
| 23. | A　3 | | |
| 24. | B　3 | | |
| 25. | dtype：int64 | | |
| 26. | | | |
| 27. | In［5］：# 行数据的极差 | | |
| 28. | 　．．．：df. apply( f, axis = 1) | | |
| 29. | Out［5］： | | |
| 30. | 1　2 | | |
| 31. | 2　1 | | |
| 32. | 3　0 | | |
| 33. | 4　4 | | |
| 34. | 5　1 | | |
| 35. | dtype：int64 | | |

如果要引用一行或一列数据的各个分量可以用索引。

| 1. | In［6］：# 行数据的求差 |
|---|---|
| 2. | 　．．．：df. apply （lambda x：x［0］－x［1］, axis =1） |
| 3. | Out［6］： |
| 4. | 1　2 |
| 5. | 2　1 |
| 6. | 3　0 |
| 7. | 4　－4 |
| 8. | 5　－1 |
| 9. | dtype：int64 |

由于设置 axis =1，所以匿名函数 lambda x：x[0] - x[1] 中 x 就是一行的所有数据，x[0]、x[1] 就是一行数据的各个分量。

## （四）统计

前面已经使用过 describe 函数对数据进行描述性统计分析，获得计数（count）、平均数（mean）、唯一值（unique）、最常见值（top）、最常见值频数（freq）、标准差（std）、最小值（min）、最大值（max）、下四分位数（25%）、上四分位数（75%）和中位数（50%）。

表 9 - 4 的函数适用于 Series 和 DataFrame 数据的统计汇总。

表 9 - 4  DataFrame 统计汇总函数

| 方法 | 说明（默认按 0 轴） |
| --- | --- |
| sum( ) | 总计 |
| count( ) | 计数 |
| mean( )、median( ) | 均值、中位数 |
| var( )、std( ) | 方差、标准差 |
| min( )、max( ) | 最小值、最大值 |

代码示例如下。

```
1.      In[1]: import numpy as np
2.         ...: import pandas as pd
3.         ...:
4.         ...: prng = np. random. default_ rng( )
5.         ...: data = prng. random((5, 2))
6.         ...: df = pd. DataFrame(data, index = [1, 2, 3, 4, 5], columns = ['A', 'B'])
7.
8.      In[2]: df
9.      Out[2]:
10.             A          B
11.       1    0.584212   0.814392
12.       2    0.416629   0.637477
13.       3    0.057416   0.509794
14.       4    0.939437   0.794876
15.       5    0.764183   0.450944
16.
17.     In[3]: df. mean( )
18.     Out[3]:
19.     A   0.552375
20.     B   0.641497
21.     dtype: float64
22.
```

```
23.        In[4]：df. median( )
24.        Out[4]：
25.        A    0. 584212
26.        B    0. 637477
27.        dtype：float64
28.
29.        In[5]：df. count( )
30.        Out[5]：
31.        A    5
32.        B    5
33.        dtype：int64
34.
35.        In[6]：df. min( )
36.        Out[6]：
37.        A    0. 057416
38.        B    0. 450944
39.        dtype：float64
```

表 9 − 5 的函数适用于相关性分析。

表 9 − 5　相关性分析函数

| 函数 | 说明 |
| --- | --- |
| cov( ) | 协方差 |
| corr( ) | 相关系数 |

使用 cov 方法计算两个 Series 对象数据之间的协方差。

```
1.         In[1]：import pandas as pd
2.            ...：# Series 对象 s1 和 s2
3.            ...：s1 = pd. Series([1，3，5，7，9，11，13，14，15，16，17，17. 5，18，18. 5])
4.            ...：s2 = pd. Series([20，19，12，22，18，26，29，13，28，14，23，20，21，25])
5.            ...：#协方差
6.            ...：s1. cov(s2)
7.         Out [1]：8. 126373626373626
8.
9.         In[2]：# 相关系数
10.           ...：s1. corr(s2)
11.        Out[2]：0. 26033800848002486
```

对于协方差：

- 当协方差 >0 时，两个随机变量正相关；
- 当协方差 <0 时，两个随机变量负相关；
- 当协方差 =0 时，两个随机变量不相关。

对于相关系数：

- 相关系数 =1 时，两个随机变量完全正相关；
- 相关系数 = −1 时，相关系数完全负相关；
- 相关系数 >0 并 <1 时，两个随机变量呈一定程度的正线性相关，数值越大相关度越高。

动 手 练

1. 创建一个 DataFrame，包含三列：' name '、' age '和' gender '，并且至少有 5 行数据。将该 DataFrame 写入一个 CSV 文件中。

2. 从一个 CSV 文件中读取数据，并将其转换为一个 DataFrame。这个 CSV 文件应该包含与第 1 题相同的数据。

3. 对第 2 题中的 DataFrame 进行数据清洗，包括去除重复值、处理缺失值、转换数据类型等。

4. 对第 2 题中的 DataFrame 进行分组操作，并计算每个组中的平均年龄。

5. 对第 2 题中的 DataFrame 进行数据透视表操作，以' gender '为行索引，以' age '为值，统计每个' gender '的平均年龄。

6. 将两个 DataFrame 按照某个共同的列进行合并，并且保留所有的行。

7. 将两个 DataFrame 按照某个共同的列进行合并，并且只保留两个 DataFrame 中都有的行。

8. 将一个 DataFrame 按照某一列进行排序，并且按照降序排列。

9. 将一个 DataFrame 进行分组和聚合操作，并且计算每个组中的最大值和最小值。

10. 将一个 DataFrame 进行时间序列数据处理，并且计算每个月份的平均值。

# 项目十　数据处理的常见场景

PPT

## 学习目标

### 职业能力目标

掌握 Pandas 的数据读写的编程方法；拼接和合并数据集的编程方法；数据分类、汇总的编程方法；数据查找、删除、数据更改、数据映射、数据离散化的编程方法；数据质量相关转换操作的编程方法。

### 典型工作任务

在收集到数据后，可能需要从文件中读入数据转换成 DataFrame 对象，或者将 Pandas 数据结构写入到文件。之后进行数据的准备工作，例如：多个数据集的拼接和合并，数据质量相关的去除重复行、填充缺失值、转换数据类型，对数据本身的类型、数值进行转换等。最后才能进行数据的分组和汇总等工作。

## 任务一　数据读写

## 一、数据读写函数

在数据处理的过程中，难免需要读入文件中的数据或者将数据写入文件，Pandas 已经提供了一系列的 I/O API 函数，常用的函数包见表 10 – 1。

表 10 – 1　Pandas 的文件读写函数

| 读取函数 | 写入函数 |
| --- | --- |
| read_table | |
| read_csv | to_csv |
| read_excel | to_excel |
| read_hdf | to_hdf |
| read_sql | to_sql |
| read_json | to_json |
| read_html | to_html |
| read_stata | to_stata |
| read_clipboard | to_clipboard |

函数名称中下划线后面的 csv、excel、json 等是文件的格式，clipboard 是剪切板，就是复制、粘贴操作时，在内存中保留的数据。csv 的含义是逗号分割的值，也就是一行中的每个字段使用都是用逗号分割的。

## 二、读写 csv 文件的实例

例如下面是一个二手车交易数据文件"used_car.csv"中的内容，每个字段使用逗号分割。

SaleID，model，brand，bodyType，power，kilometer，price

0，30，6，1，60，12.5，1850

1，40，1，2，0，15，3600

2，115，15，1，163，12.5，6222

3，109，10，0，193，15，2400

4，110，5，1，68，5，5200

5，24，10，0，109，10，8000

现在需要读入这个文件，并且成为 DataFrame 对象，下面的代码分别采用 read_csv 函数和 read_table 函数达到了同样的效果，区别是 read_table 函数的 sep 参数，设置了分割的符号为逗号。

```
1.        In[1]: import pandas as pd
2.
3.        In[2]: df1 = pd.read_csv("used_car.csv")
4.
5.        In[3]: df1.head()
6.        Out[3]:
```

| 7. | | SaleID | model | brand | bodyType | power | kilometer | price |
|---|---|---|---|---|---|---|---|---|
| 8. | 0 | 0 | 30 | 6 | 1 | 60 | 12.5 | 1850.0 |
| 9. | 1 | 1 | 40 | 1 | 2 | 0 | 15.0 | 3600.0 |
| 10. | 2 | 2 | 115 | 15 | 1 | 163 | 12.5 | 6222.0 |
| 11. | 3 | 3 | 109 | 10 | 0 | 193 | 15.0 | 2400.0 |
| 12. | 4 | 4 | 110 | 5 | 1 | 68 | 5.0 | 5200.0 |

```
13.
14.        In[4]: df1.describe()
15.        Out[4]:
16.
```

| 17. | | SaleID | model | brand | bodyType | kilometer | price |
|---|---|---|---|---|---|---|---|
| 18. | count | 21.000000 | 21.000000 | 21.000000 | 21.000000 | 21.000000 | 21.000000 |
| 19. | mean | 10.000000 | 51.428571 | 8.571429 | 1.571429 | 201.309524 | 3293.163799 |
| 20. | std | 6.204837 | 45.032845 | 7.359154 | 1.912366 | 863.982255 | 2601.120140 |
| 21. | min | 0.000000 | 0.000000 | 0.000000 | 0.000000 | 2.000000 | 4.439788 |
| 22. | 25% | 5.000000 | 19.000000 | 1.000000 | 0.000000 | 12.500000 | 1450.000000 |
| 23. | 50% | 10.000000 | 40.000000 | 7.000000 | 1.000000 | 15.000000 | 3100.000000 |
| 24. | 75% | 15.000000 | 105.000000 | 14.000000 | 2.000000 | 15.000000 | 3700.000000 |
| 25. | max | 20.000000 | 138.000000 | 27.000000 | 6.000000 | 3972.000000 | 10500.000000 |

| 26. | In[5]: df2 = pd. read_table("used_car. csv",sep =',') |
| --- | --- |
| 27. | |
| 28. | In[6]: df2. head() |
| 29. | Out[6]: |

| 30. | | SaleID | model | brand | bodyType | power | kilometer | price |
| --- | --- | --- | --- | --- | --- | --- | --- |
| 31. | 0 | 0 | 30 | 6 | 1 | 60 | 12.5 | 1850.0 |
| 32. | 1 | 1 | 40 | 1 | 2 | 0 | 15.0 | 3600.0 |
| 33. | 2 | 2 | 115 | 15 | 1 | 163 | 12.5 | 6222.0 |
| 34. | 3 | 3 | 109 | 10 | 0 | 193 | 15.0 | 2400.0 |
| 35. | 4 | 4 | 110 | 5 | 1 | 68 | 5.0 | 5200.0 |
| 36. | |

| 37. | In[7]: df2. describe() |
| --- | --- |
| 38. | Out[7]: |

| 39. | | SaleID | model | brand | bodyType | kilometer | price |
| --- | --- | --- | --- | --- | --- | --- |
| 40. | count | 21.000000 | 21.000000 | 21.000000 | 21.000000 | 21.000000 | 21.000000 |
| 41. | mean | 10.000000 | 51.428571 | 8.571429 | 1.571429 | 201.309524 | 3293.163799 |
| 42. | std | 6.204837 | 45.032845 | 7.359154 | 1.912366 | 863.982255 | 2601.120140 |
| 43. | min | 0.000000 | 0.000000 | 0.000000 | 0.000000 | 2.000000 | 4.439788 |
| 44. | 25% | 5.000000 | 19.000000 | 1.000000 | 0.000000 | 12.500000 | 1450.000000 |
| 45. | 50% | 10.000000 | 40.000000 | 7.000000 | 1.000000 | 15.000000 | 3100.000000 |
| 46. | 75% | 15.000000 | 105.000000 | 14.000000 | 2.000000 | 15.000000 | 3700.000000 |

如果要把数据写入文件，可以按照需要的格式选择对应的函数，例如写入 Excel 文件，可以使用下面的代码。

| 1. | In[8]: df1. to_ excel('df1. xlsx') |
| --- | --- |

# 任务二　拼接或者合并数据集

如果有多份数据，就需要将数据拼接或者合并。

Pandas 的 concat 函数可以将两个数据集拼接，但是 Series 对象或者 DtaFrame 对象都是有索引的数据，拼接的时候就会出现索引对齐的问题。

例如，有两份结构一样的销售数据，分别存在文件 orders_1. csv 和 orders_2. csv 中，现在需要将它们读入在一个 DataFrame 数据对象中。代码如下，在代码中 concat 设置参数 ignore_index = True 的目的是忽略索引对齐。

| 1. | In[1]: import pandas as pd |
| --- | --- |
| 2. | |
| 3. | In[2]: df_file1 = pd. read_csv("orders_1. csv") |

```
4.
5.    In[3]: df_file2 = pd.read_csv("orders_2.csv")
6.
7.    In[4]: orders = pd.concat([df_file1,df_file2],ignore_index = True)
8.
9.    In[5]: orders
10.   Out[5]:
11.          orderdate  productcode  quantity  sales
12.    0     2023/8/7        7          3      NaN
13.    1     2023/8/10       6          5      NaN
14.    2     2023/8/17       3          3      NaN
15.    3     2023/8/17       1          3      NaN
16.    4     2023/8/8        9          2      NaN
17.    5     2023/8/12       2          2      NaN
18.    6     2023/8/5        3          5      NaN
19.    7     2023/8/16       7          4      NaN
20.    8     2023/8/3        9          2      NaN
21.    9     2023/8/20       4          2      NaN
22.    10    2023/8/18       3          5      NaN
23.    11    2023/8/12       3          3      NaN
24.    12    2023/8/9        7          2      NaN
25.    13    2023/8/15       6          5      NaN
26.    14    2023/8/11       4          5      NaN
27.    15    2023/8/17       1          3      NaN
```

如果两个数据集是相互补充的，例如下面的两个数据集，其中订单数据见表 10 - 2。

表 10 - 2  订单数据

| 订单日期（orderdate） | 产品编码（productcode） | 数量（quantity） | 销售额（sales） |
| --- | --- | --- | --- |
| 2023/8/7 | 7 | 3 | |
| 2023/8/10 | 6 | 5 | |
| 2023/8/17 | 3 | 3 | |
| 2023/8/17 | 1 | 3 | |
| 2023/8/8 | 9 | 2 | |
| 2023/8/12 | 2 | 2 | |
| 2023/8/5 | 3 | 5 | |

产品数据见表 10 - 3。

表 10-3 产品数据

| 产品编码（productcode） | 产品名称（productname） | 价格（price） |
|:---:|:---:|:---:|
| 1 | Hot Dogs | 6 |
| 2 | French Fries | 14 |
| 3 | Chicken Tenders | 15 |
| 4 | Pizza | 14 |
| 5 | Burgers | 5 |
| 6 | Apple Pie | 12 |
| 7 | Meatloaf | 7 |
| 8 | Sandwiches | 6 |
| 9 | Pot Roast | 10 |
| 10 | Pulled Pork | 9 |

如果这两个数据要合并成一个数据集，需要根据 productcode 列对齐。这种合并方式对数据库来说是很常见的操作，一般被称为连接操作（join），在 DataFrame 中也能做到类似的操作，需要使用的函数是 merge()，例子需要根据 productcode 列对齐，可以通过设置参数 on = "productcode" 实现。

```
1.    In[6]: products = pd.read_csv("products.csv")
2.
3.    In[7]: products
4.    Out[7]:
5.          productcode    productname    price
6.      0        1          Hot Dogs        6
7.      1        2          French Fries    14
8.      2        3          Chicken Tenders 15
9.      3        4          Pizza           14
10.     4        5          Burgers         5
11.     5        6          Apple Pie       12
12.     6        7          Meatloaf        7
13.     7        8          Sandwiches      6
14.     8        9          Pot Roast       10
15.     9       10          Pulled Pork     9
16.
17.   In[8]: orders = pd.merge(orders, products, on = "productcode")
18.
19.   In[9]: orders
20.   Out[9]:
21.         orderdate  productcode  quantity  sales  productname  price
22.     0   2023/8/7        7          3      NaN    Meatloaf      7
23.     1   2023/8/16       7          4      NaN    Meatloaf      7
```

| | | | | | | | |
|---|---|---|---|---|---|---|---|
| 24. | 2 | 2023/8/9 | 7 | 2 | NaN | Meatloaf | 7 |
| 25. | 3 | 2023/8/10 | 6 | 5 | NaN | Apple Pie | 12 |
| 26. | 4 | 2023/8/15 | 6 | 5 | NaN | Apple Pie | 12 |
| 27. | 5 | 2023/8/17 | 3 | 3 | NaN | Chicken Tenders | 15 |
| 28. | 6 | 2023/8/5 | 3 | 5 | NaN | Chicken Tenders | 15 |
| 29. | 7 | 2023/8/18 | 3 | 5 | NaN | Chicken Tenders | 15 |
| 30. | 8 | 2023/8/12 | 3 | 3 | NaN | Chicken Tenders | 15 |
| 31. | 9 | 2023/8/17 | 1 | 3 | NaN | Hot Dogs | 6 |
| 32. | 10 | 2023/8/17 | 1 | 3 | NaN | Hot Dogs | 6 |
| 33. | 11 | 2023/8/8 | 9 | 2 | NaN | Pot Roast | 10 |
| 34. | 12 | 2023/8/3 | 9 | 2 | NaN | Pot Roast | 10 |
| 35. | 13 | 2023/8/12 | 2 | 2 | NaN | French Fries | 14 |
| 36. | 14 | 2023/8/20 | 4 | 2 | NaN | Pizza | 14 |
| 37. | 15 | 2023/8/11 | 4 | 5 | NaN | Pizza | 14 |

实际的数据可能会比较复杂，例如，"订单"数据集中 productcode 列可能包含数字 12，但是在"产品"数据集的 productcode 列并没有这个数，这时候用 merge 函数合并时，默认内联 inner，所以可以看到结果只有 14 条记录，少了一条。

```
1.    In[1]: import pandas as pd
2.       ...:
3.       ...: df_file1 = pd.read_csv("orders_1.csv")
4.       ...: df_file2 = pd.read_csv("orders_2.csv")
5.       ...: orders = pd.concat([df_file1,df_file2], ignore_index = True)
6.       ...: products = pd.read_csv("products.csv")
7.
8.    In[2]: orders.loc[0, 'productcode'] = 12
9.
10.   In[5]: orders.head(3)
11.   Out[5]:
12.            orderdate  productcode  quantity     sales
13.   0   2023/8/7      12           3         NaN
14.   1   2023/8/10     6            5         NaN
15.   2   2023/8/17     3            3         NaN
16.
17.   In[6]: orders = pd.merge(orders, products, on = "productcode")
18.
19.   In[7]: orders
20.   Out[7]:
```

| 21. | | orderdate | productcode | quantity | sales | productname | price |
|---|---|---|---|---|---|---|---|
| 22. | 0 | 2023/8/10 | 6 | 5 | NaN | Apple Pie | 12 |
| 23. | 1 | 2023/8/15 | 6 | 5 | NaN | Apple Pie | 12 |
| 24. | 2 | 2023/8/17 | 3 | 3 | NaN | Chicken Tenders | 15 |
| 25. | 3 | 2023/8/5 | 3 | 5 | NaN | Chicken Tenders | 15 |
| 26. | 4 | 2023/8/18 | 3 | 5 | NaN | Chicken Tenders | 15 |
| 27. | 5 | 2023/8/12 | 3 | 3 | NaN | Chicken Tenders | 15 |
| 28. | 6 | 2023/8/17 | 1 | 3 | NaN | Hot Dogs | 6 |
| 29. | 7 | 2023/8/17 | 1 | 3 | NaN | Hot Dogs | 6 |
| 30. | 8 | 2023/8/8 | 9 | 2 | NaN | Pot Roast | 10 |
| 31. | 9 | 2023/8/3 | 9 | 2 | NaN | Pot Roast | 10 |
| 32. | 10 | 2023/8/12 | 2 | 2 | NaN | French Fries | 14 |
| 33. | 11 | 2023/8/16 | 7 | 4 | NaN | Meatloaf | 7 |
| 34. | 12 | 2023/8/9 | 7 | 2 | NaN | Meatloaf | 7 |
| 35. | 13 | 2023/8/20 | 4 | 2 | NaN | Pizza | 14 |
| 36. | 14 | 2023/8/11 | 4 | 5 | NaN | Pizza | 149 |

除了两表合并使用内联 inner，merge 函数的 how 参数还可以设置为左联 left，右联 right，外联 outer，笛卡尔积 cross。在上面的例子中，如果设置为左联，由于订单是左表，所以结果还是 15 条，但是产品名等字段会是空值。

如果两表合并时对齐的字段名称不一样，例如：如果订单表中是 productcode 而产品表中是 productid，这时可以设置参数为 left_on = productcode，right_on = productid。

# 任务三　数据分组汇总

订单和产品的数据集，将两个数据集合并后，需要以产品名称分组汇总，相同名称的产品的销售数量和销售金额做合计。

分组汇总可以使用 groupby 函数，在下面代码的第 12 行，groupby('productname') 表示以产品名分组，如果需要以两个以上的列分组，把若干组名放在一个列表中，[['quantity','sales']] 表示汇总结果只需要这两列，因为价格的合计是没有意义的，最后的 sum() 表示合计。如果不是汇总，而是求平均数等，就用其他函数。

```
1.    In[8]: orders. sales = orders. quantity * orders. price
2.
3.    In[9]: orders. head(5)
4.        Out[9]:
```

```
5.            orderdate  productcode  quantity    sales    productname  price
6.    0      2023/8/10       6           5         60      Apple Pie      12
7.    1      2023/8/15       6           5         60      Apple Pie      12
8.    2      2023/8/17       3           3         45      Chicken Tenders  15
9.    3      2023/8/5        3           5         75      Chicken Tenders  15
10.   4      2023/8/18       3           5         75      Chicken Tenders  15
11.
      In[10]: orders.groupby('productname')[['quantity','sales']].sum()
12.
      Out[10]:
13.
14.                    quantity    sales
15.    productname
16.    Apple Pie          10        120
17.    Chicken Tenders    16        240
18.    French Fries        2         28
19.    Hot Dogs            6         36
20.    Meatloaf            6         42
21.    Pizza               7         98
22.    Pot Roast           4         40
```

数据透视表也是数据汇总计算的方法。例如表 10-4 所示的门店销售数据。

表 10-4 门店销售数据

| 时间（月） | 门店 | 商品 | 销售额 |
| --- | --- | --- | --- |
| 2 | A | SKU-2 | 64 |
| 11 | C | SKU-3 | 43 |
| 4 | D | SKU-2 | 25 |
| 10 | B | SKU-3 | 21 |
| 11 | B | SKU-2 | 69 |
| 2 | C | SKU-4 | 54 |
| 2 | C | SKU-1 | 73 |
| 8 | C | SKU-4 | 34 |
| 5 | D | SKU-3 | 49 |
| 1 | A | SKU-4 | 41 |
| 6 | A | SKU-2 | 38 |

需要汇总每个门店的各个商品的销售额，这时候就需要用到透视表。借助 Pandas 的 pivot_table 函数可以很方便地完成透视表的构建，在下面代码第 14 行，调用了 pivot_table 函数，values 参数是用于汇总计算的字段，index 参数设置了行标题的字段，columns 参数设置了列标题的参数，aggfunc 设置了用于汇总计算的函数，这里设置的是求和。

```
1.    In[1]: import numpy as np
2.      ...: import pandas as pd
3.
4.    In [2]: df = pd. read_csv ("pivot_data. csv")
5.
      In[3]: df. head()
6.    Out[3]:
7.           时间（月）      门店        商品    销售额
8.       0         6        D      SKU－3      46
9.       1         9        A      SKU－3      74
10.      2         7        A      SKU－1      72
11.      3        11        B      SKU－3      62
12.      4         2        B      SKU－2      54
13.
14.   In[4]: pd. pivot_ table(df, values ="销售额", index =["门店"],
15.   columns =["商品"], aggfunc = np. sum)
16.   Out [4]:
17.   商品      SKU－1    SKU－2     SKU－3     SKU－4
18.   门店
19.    A       106. 0    23. 0     117. 0     69. 0
20.    B        25. 0    54. 0      62. 0     47. 0
21.    C       118. 0    64. 0      29. 0    131. 0
22.    D        52. 0     NaN       46. 0     52. 0
```

代码第 19 行看到的结果，就是 A 门店各种商品的销售额汇总。

如果要对每个门店不同月份，各种商品的销售额汇总，就会用到多重索引 MultiIndex，使用并不复杂，就是给 index 参数两个列名 ["门店","时间（月）"]，从第 8 行开始的输出结果看,"门店","时间（月）" 构成了多重索引。

```
1.    In[10]: result = pd. pivot_ table(df, values ="销售额", index =["门店","时间（月）"],
        ...:                              columns =["商品"], aggfunc = np. sum)
2.
3.    In[11]: result
4.    Out[11]:
5.    商品         SKU－1      SKU－2      SKU－3      SKU－4
6.    门店    时间（月）
7.    A3            NaN        NaN       43. 0        NaN
8.    NaN            7        72. 0       NaN         NaN
9.    NaN            9        34. 0       NaN        74. 0
```

| | | | | | | |
|---|---|---|---|---|---|---|
| 10. | | 10 | NaN | 23.0 | NaN | NaN |
| 11. | | 11 | NaN | NaN | NaN | 69.0 |
| 12. | B | 2 | NaN | 54.0 | NaN | NaN |
| 13. | | 4 | 25.0 | NaN | NaN | NaN |
| 14. | | 9 | NaN | NaN | NaN | 47.0 |
| 15. | | 11 | NaN | NaN | 62.0 | NaN |
| 16. | C | 1 | 38.0 | NaN | NaN | NaN |
| 17. | | 2 | 55.0 | NaN | NaN | 59.0 |
| 18. | | 3 | 25.0 | NaN | NaN | NaN |
| 19. | | 4 | NaN | NaN | 29.0 | NaN |
| 20. | | 8 | NaN | NaN | NaN | 72.0 |
| 21. | | 12 | NaN | 64.0 | NaN | NaN |
| 22. | D | 3 | 52.0 | NaN | NaN | NaN |
| 23. | | 5 | NaN | NaN | NaN | 27.0 |
| 24. | | 6 | NaN | NaN | 46.0 | 25.0 |
| 25. | | | | | | |

# 任务四　数据转换

## 一、重复值的查找和删除

使用 duplicated( ) 函数可以检验 DataFrame 对象中的重复行，函数返回一个由 True、False 值构成的 Series 对象，表示 DataFrame 对象的每一行是否存在重复。从下面的代码可以看出 Hot Dogs 和 Hamburgers 是重复的，并且被准确地找出来了。

```
1.      In[1]: import numpy as np
2.         ...: import pandas as pd
3.
4.      In[2]: df = pd. DataFrame({" Foods": ['Donuts', 'Hamburgers', 'Pizza', 'Hot
        Dogs', 'Hot Dogs', 'Hamburgers']})
5.
6.      In[3]: df
7.      Out[3]:
8.                   Foods
9.          0        Donuts
10.         1        Hamburgers
11.         2        Pizza
```

| | | |
|---|---|---|
| 12. | 3 | Hot Dogs |
| 13. | 4 | Hot Dogs |
| 14. | 5 | Hamburgers |
| 15. | | |
| 16. | In[4]：df. duplicated( ) | |
| 17. | Out[4]： | |
| 18. | 0 | False |
| 19. | 1 | False |
| 20. | 2 | False |
| 21. | 3 | False |
| 22. | 4 | True |
| 23. | 5 | True |
| 24. | dtype：bool | |
| 25. | | |
| 26. | In[5]：df[df. duplicated( )] | |
| 27. | Out[5]： | |
| 28. | | Foods |
| 29. | 4 | Hot Dogs |
| 30. | 5 | Hamburgers |

如果要删除重复值，可以使用 drop_duplicates( ) 函数。从下面的代码执行结果看，重复值已经被删除。

| | | |
|---|---|---|
| 1. | In[9]：df. drop_duplicates( ) | |
| 2. | Out[9]： | |
| 3. | | Foods |
| 4. | 0 | Donuts |
| 5. | 1 | Hamburgers |
| 6. | 2 | Pizza |
| 7. | 3 | Hot Dogs |

## 二、数据替换

如果要将数据集中的某些值替换成其他值，可以使用 replace 函数，如果要修改数据集中两个产品的名称，可以先建立一个字典，Key 为原产品名称，Value 是修改后产品的名称，然后把字典作为参数传递给 replace 函数，代码如下所示。

| | |
|---|---|
| 1. | In[1]：import numpy as np |
| 2. | . . .：import pandas as pd |

```
3.
4.    In[2]: df = pd.read_csv("products.csv")
5.
6.    In[3]: df
7.    Out[3]:
```

| | productcode | productname | price |
|---|---|---|---|
| 8. | | | |
| 9. | 0 | 1 | Hot Dogs | 6 |
| 10. | 1 | 2 | French Fries | 14 |
| 11. | 2 | 3 | Chicken Tenders | 15 |
| 12. | 3 | 4 | Pizza | 14 |
| 13. | 4 | 5 | Burgers | 5 |
| 14. | 5 | 6 | Apple Pie | 12 |
| 15. | 6 | 7 | Meatloaf | 7 |
| 16. | 7 | 8 | Sandwiches | 6 |
| 17. | 8 | 9 | Pot Roast | 10 |
| 18. | 9 | 10 | Pulled Pork | 9 |

```
19.
20.   In[4]: # 用字典表示修改的对应关系
21.   ...: product_modi = {'Chicken Tenders': 'Pot roast', 'French Fries': 'Cobb salad'}
22.   ...: df.replace(product_modi)
23.   Out[4]:
```

| | productcode | productname | price |
|---|---|---|---|
| 24. | | | |
| 25. | 0 | 1 | Hot Dogs | 6 |
| 26. | 1 | 2 | Cobb salad | 14 |
| 27. | 2 | 3 | Pot roast | 15 |
| 28. | 3 | 4 | Pizza | 14 |
| 29. | 4 | 5 | Burgers | 5 |
| 30. | 5 | 6 | Apple Pie | 12 |
| 31. | 6 | 7 | Meatloaf | 7 |
| 32. | 7 | 8 | Sandwiches | 6 |
| 33. | 8 | 9 | Pot Roast | 10 |
| 34. | 9 | 10 | Pulled Pork | 9 |

## 三、映射

在数据分析过程中，常需要将文本数据，映射为数值型的数据，这时可以使用 map 函数。map 函数的参数也是一个表示映射关系的字典。

```
1.          In[1]: import numpy as np
2.             ...: import pandas as pd
3.
4.          In[2]: df = pd. read_csv("outdoor. csv")
5.
6.          In[3]: df. head()
7.          Out[3]:
8.                      weather    humidity
9.          0           晴         85
10.         1           晴         90
11.         2           晴         95
12.         3           雨         70
13.         4           雨         80
14.
15.         In[4]: df['weather'] = df['weather'] . map({'晴': 0, '阴': 1, '雨': 2})
16.
17.         In[5]: df. head(10)
18.         Out[5]:
19.                     weather    humidity
20.         0           0          85
21.         1           0          90
22.         2           0          95
23.         3           2          70
24.         4           2          80
25.         5           0          70
26.         6           0          70
27.         7           1          65
28.         8           1          75
29.         9           1          78
```

## 四、离散化

离散化就是将数值型的数据（连续）转换成不连续的数据，例如，年龄是连续的数据，如果把年龄数据转换成"儿童，青年，中年，老年"这样不连续的表示，就是离散化。

DataFrame 的 cut 函数可以实现这个工作。

pandas. cut(x, bins, right = True, labels = None, retbins = False, precision = 3, include_lowest = False, duplicates = 'raise', ordered = True)

其中，x 代表一列数据；bins 代表整数或者是类似列表的一组数据，例如：[0, 25, 50, 75]；right 代表 bins 如果是 [1, 3, 5]，表示数据分割区间默认是 [2, 25)，[25, 50)，[50, 75)，如果 right =

True，右侧就是闭区间，（0，25］，（25，50］，（50，75］；labels 用于为分割设置标签。其他参数用到再查文档，这里先略过。

下面的代码将年龄划分为"儿童，青年，中年，老年"。

```
1.      In［1］: import numpy as np
2.         ...: import pandas as pd
3.
4.      In［2］: prng = np. random. default_rng( )
5.         ...: df = pd. DataFrame( prng. integers( low = 1， high = 100， size = 10)，
6.         ...:                   columns = ［" age" ］)
7.
8.      In［3］: df. head( )
9.      Out［3］:
10.             age
11.       0     46
12.       1     66
13.       2     37
14.       3     53
15.       4     42
16.
17.     In［4］: bins = ［0， 14， 35， 65， 120］
18.        ...: age_ labels = ［'儿童', '青年', '中年', '老年'］
19.        ...: df['年龄']  = pd. cut( df. age， bins，
20.        ...:                   right = True， labels = age_labels)
21.
22.     In［5］: df
23.     Out［5］:
24.             age    年龄
25.       0     46     中年
26.       1     66     老年
27.       2     37     中年
28.       3     53     中年
29.       4     42     中年
30.       5      7     儿童
31.       6     67     老年
32.       7     16     青年
33.       8     83     老年
34.       9     97     老年
```

# 任务五　数据准备和相关处理方法

## 一、对数据质量的评估

在准备数据阶段就应该考虑数据质量问题。数据质量是数据分析的前提，从垃圾数据中不可能获得高质量的分析。数据质量如何衡量，数据管理协会（Data Management Association，DAMA）将数据质量定义为 6 个维度。

1. **完整性**　是否记录了所有的数据集和数据项。
2. **唯一性**　数据集是否不存在重复。
3. **时效性**　是否在合理的时间范围内获得。
4. **规范性**　数据是否符合规则。
5. **准确性**　数据是否反映了实际。
6. **一致性**　可以跨数据存储匹配数据集吗。

下面用表格的形式归纳这六个维度的使用场景（表 10 – 5 ～ 表 10 – 10）。

### 表 10 – 5　完整性

| 定义 | 存储数据与"100% 完全"潜力的比例 |
|---|---|
| 范围 | 任何数据项、记录、数据集或数据库中要测量的关键数据（0% ～ 100%） |
| 例子 | 学校要求新生的家长填写一份信息收集表，包括健康状况和紧急联络信息，以及确认学生的姓名、地址和出生日期。秋季学期第一周末，对联系表中"第一紧急联系电话"数据项进行数据分析。学校有 300 名学生，在 300 条记录中有 294 条记录被填写，因此 294/300 × 100% ＝ 98%，联系人表中的这个数据项完整性是 98% |

### 表 10 – 6　唯一性

| 定义 | 基于标识，任何事物都不会被记录超过一次 |
|---|---|
| 范围 | 根据单个数据集中的所有记录进行测量 |
| 例子 | 一所学校有 120 名在校学生和 380 名已毕业学生（即总共 500 人）；学生数据库显示 520 条不同的学生记录。数据中有王大伟和王大为的记录，事实上只有一个学生叫王大伟。这表示唯一性为 500/520 x 100% ＝ 96.2% |

### 表 10 – 7　时效性

| 定义 | 数据时间点和实际要求时间的接近程度 |
|---|---|
| 范围 | 任何数据项、记录、数据集或数据库 |
| 例子 | 张三 2023 年 6 月 1 日提供了更新的紧急联系号码，然后由管理团队于 2023 年 6 月 4 日输入学生数据库，延迟 3 天。因为已经规定的更新数据的规范是 2 天，此延迟违反了及时性限制 |

表 10 – 8  规范性

| 定义 | 如果数据符合其定义的语法（格式、类型、范围），则该数据是有效的 |
|---|---|
| 范围 | 所有数据通常都可以测量规范性。规范性适用于数据项级和记录级 |
| 例子 | 学校每个班级都被分配了一个班级标识符；这包括老师的三个首字母加上表示班级的两位数。例如：AAA99（3 个字符和两个数字字符）<br>场景 1：老师叫李四，因此只有两个首字母。必须决定如何表示两个首字母，否则规则将失败，数据库将拒绝"LS09"这类标识符。决定增加一个额外的字符"Z"来将字母填充为："LSZ09"，但这可能会打破准确性规则。更好的解决方案是将数据库修改为接受 2 或 3 个字母和 1 或 2 个数字<br>场景 2：小学和初中入学年龄记录在入学申请表上。这将被输入到数据库中，并检查它是否在 5 到 14 之间。如果表单中发现是 15 或 N/A 的形式，那么它将被视为无效而被拒绝 |

表 10 – 9  准确性

| 定义 | 数据正确描述"真实世界"对象或事件的程度 |
|---|---|
| 范围 | 以数据项、记录、数据集或数据库的形式保存的任何"真实世界"的对象或可由数据描述或描述的对象 |
| 例子 | 欧洲一所学校正在接受 9 月入学的申请，要求学生在 8 月 31 日前满 5 岁。在这种情况下，作为美国公民的家长在申请欧洲学校时，填写的是美国日期格式的出生日期，而不是欧洲日期格式的，导致日期和月份的位置被颠倒。因此，09/08/YYYY 的真正含义是08/09/YYYY，导致该学生在 8 月 31 日被认为满 5 岁。年龄的推算是不正确的，因此记录的值也不准确 |

表 10 – 10  一致性

| 定义 | 当一个事物的两个或两个以上的表达，相比较时没有差别 |
|---|---|
| 范围 | 跨多个数据集的事物评估和（或）跨数据项、记录、数据集和数据库的值或格式评估 |
| 例子 | 学生的出生日期在学校注册表中的值和格式与存储在学生数据库中的值和格式相同 |

## 二、常用的数据与处理方法

常用的数据预处理场景包括：数据类型转换、列拆分、将属性值从字符串转为数字、查补缺失值、删除有缺失值的行或列、查删重复值、查看一列的非重复值、异常值的检测。

下面通过一个实例来展示这些场景的代码：

**1. 读入数据文件**  由于文件是 utf – 8 编码的，所以设置参数 encoding = ' utf8 '。

```
1.   In[1]: import numpy as np
2.      ...: import pandas as pd
3.
4.   In[2]: df = pd. read_csv(' dataclean. csv ', encoding = ' utf8 ')
5.      ...: df. head( )
6.      Out[2]:
7.              日期    天气    温度    湿度  风速   运动人数
8.       0  2011/1/1 0:00   晴   14.395   81.0  0.0     16
```

| 9. | 1 | 2011/1/1 1:00 | 晴 | 13.635 | 80.0 | 0.0 | 40 |
| 10. | 2 | 2011/1/1 2:00 | 晴 | 13.635 | 80.0 | 0.0 | 32 |
| 11. | 3 | 2011/1/1 3:00 | 晴 | 14.395 | 75.0 | 0.0 | 13 |
| 12. | 4 | 2011/1/1 4:00 | 晴 | 14.395 | 75.0 | 0.0 | 1 |

**2. 数据类型转换**　通过 info() 函数可以查看每一个字段的数据类型。

```
1.    In[3]: df.info()
2.    <class 'pandas.core.frame.DataFrame'>
3.    RangeIndex: 10888 entries, 0 to 10887
4.    Data columns(total 6 columns):
5.     #    Column    Non-Null Count    Dtype
6.    ---    ------    --------------    -----
7.     0    日期        10888 non-null    object
8.     1    天气        10888 non-null    object
9.     2    温度        10887 non-null    float64
10.    3    湿度        10887 non-null    float64
11.    4    风速        10888 non-null    float64
12.    5    运动人数    10888 non-null    int64
13.    dtypes: float64(3), int64(1), object(2)
14.    memory usage: 510.5 + KB
```

可以发现日期并没有正确识别，有两个办法可以处理日期类型的识别问题。

（1）读入数据时，设置识别，代码如下。

```
1.    In[4]: df = pd.read_csv('dataclean.csv', parse_dates = ['日期'])
2.
3.    In[5]: df.info()
4.    <class 'pandas.core.frame.DataFrame'>
5.    RangeIndex: 10888 entries, 0 to 10887
6.    Data columns(total 6 columns):
7.     #    Column    Non-Null Count    Dtype
8.    ---    ------    --------------    -----
9.     0    日期        10888 non-null    datetime64[ns]
10.    1    天气        10888 non-null    object
11.    2    温度        10887 non-null    float64
12.    3    湿度        10887 non-null    float64
13.    4    风速        10888 non-null    float64
14.    5    运动人数    10888 non-null    int64
15.    dtypes: datetime64[ns](1), float64(3), int64(1), object(1)
16.    memory usage: 510.5 + KB
```

（2）读入后再转换

```
1.    In[6]: df = pd. read_csv('dataclean. csv', encoding ='utf8')
2.    ...: df['_日期'] = pd. to_datetime( df. 日期，format = "% Y/% m/% d % H:% M")
3.
4.    In[7]: df. info( )
5.    < class 'pandas. core. frame. DataFrame'>
6.    RangeIndex：10888 entries，0 to 10887
7.    Data columns(total 7 columns)：
8.    #    Column    Non – Null Count    Dtype
9.    ---   ------    --------------    -----
10.   0    日期        10888 non – null    object
11.   1    天气        10888 non – null    object
12.   2    温度        10887 non – null    float64
13.   3    湿度        10887 non – null    float64
14.   4    风速        10888 non – null    float64
15.   5    运动人数     10888 non – null    int64
16.   6    _ 日期       10888 non – null    datetime64［ns］
17.   dtypes：datetime64［ns］(1)，float64(3)，int64(1)，object(2)
18.   memory usage：595. 6 + KB
```

代码第 16 行可以看到，新加列的数据类型是 datetime64。

也可以在读入数据后，用函数实现数值类型的转换。如果运动人数的数据类型没有识别为浮点型，可以用 astype 函数进行类型转变。注意代码第 1 行，astype(float) 函数将'运动人数'列转换成浮点数，可以同时将多列数据转换成指定的数据类型。

```
1.    In[12]: df[['运动人数']] = df[['运动人数']] . astype(float)
2.
3.    In[13]: df. info( )
4.    < class 'pandas. core. frame. DataFrame'>
5.    RangeIndex：10888 entries，0 to 10887
6.    Data columns(total 7 columns)：
7.    #    Column    Non – Null Count    Dtype
8.    ---   ------    ---- - - --------    -----
9.    0    日期        10888 non – null    object
10.   1    天气        10888 non – null    object
11.   2    温度        10887 non – null    float64
12.   3    湿度        10887 non – null    float64
13.   4    风速        10888 non – null    float64
14.   5    运动人数     10888 non – null    float64
15.   6    _ 日期       10888 non – null    datetime64［ns］
16.   dtypes：datetime64［ns］(1)，float64(4)，object(2)
17.   memory usage：595. 6 + KB
```

如果要将字符串转变成数值类型，可以使用 Pandas 的 to_numeric 函数。下面的代码中，新加了'new'列，所有的值都是字符串"2.71828"，然后用 to_numeric 函数，将所有的值都转为浮点数。

```
In[15]: df['new'] = "2.71828"

In[16]: df.head(3)
Out[16]:
        日期     天气 温度    湿度  风速 运动人数              _日期        new
0 2011/1/1 0：00  晴 14.395 81.0  0.0 16.0 2011-01-01 00：00：00 2.71828
1 2011/1/1 1：00  晴 13.635 80.0  0.0 40.0 2011-01-01 01：00：00 2.71828
2 2011/1/1 2：00  晴 13.635 80.0  0.0 32.0 2011-01-01 02：00：00 2.71828

In[17]: df.info()
<class 'pandas.core.frame.DataFrame'>
RangeIndex：10888 entries, 0 to 10887
Data columns(total 8 columns)：
 #   Column   Non-Null Count   Dtype
---  ------   --------------   -----
 0   日期       10888 non-null   object
 1   天气       10888 non-null   object
 2   温度       10887 non-null   float64
 3   湿度       10887 non-null   float64
 4   风速       10888 non-null   float64
 5   运动人数     10888 non-null   float64
 6   _日期      10888 non-null   datetime64[ns]
 7   new      10888 non-null   object
dtypes：datetime64[ns](1)，float64(4)，object(3)
memory usage：680.6+ KB

In[18]: df['new'] = pd.to_numeric(df['new'], downcast='float', errors='raise')

In[19]: df.info()
<class 'pandas.core.frame.DataFrame'>
RangeIndex：10888 entries, 0 to 10887
Data columns(total 8 columns)：
 #   Column   Non-Null Count   Dtype
---  ------   --------------   -----
 0   日期       10888 non-null   object
 1   天气       10888 non-null   object
```

| 37. | 2 | 温度 | 10887 non-null | float64 |
| 38. | 3 | 湿度 | 10887 non-null | float64 |
| 39. | 4 | 风速 | 10888 non-null | float64 |
| 40. | 5 | 运动人数 | 10888 non-null | float64 |
| 41. | 6 | _日期 | 10888 non-null | datetime64[ns] |
| 42. | 7 | new | 10888 non-null | float32 |

43.　dtypes：datetime64[ns](1)，float32(1)，float64(4)，object(2)

44.　memory usage：638.1 + KB

45.

**3. 列拆分**　日期列包含了日期和时间，下面的代码新增了两列 Day 和 Hour，通过字符串分割函数 split 将日期数据分隔开，并赋值给新增的两列。

```
1.    In[25]：df[['Day', 'Hour']] = df['日期'].str.split(" ", expand = True, n = 2)
2.
3.    In[26]：df.head()
4.    Out[26]：
```

| | Hour | 日期 | 天气 | 温度 | 湿度... | _日期 | new | Day |
|---|---|---|---|---|---|---|---|---|
| 6. | 0:000 | 2011/1/1 0：00 | 晴 | 14.395 | 81.0... | 2011-01-01 00：00：00 | 2.71828 | 2011/1/1 |
| 7. | 1:100 | 2011/1/1 1：00 | 晴 | 13.635 | 80.0... | 2011-01-01 01：00：00 | 2.71828 | 2011/1/1 |
| 8. | 2:200 | 2011/1/1 2：00 | 晴 | 13.635 | 80.0... | 2011-01-01 02：00：00 | 2.71828 | 2011/1/1 |
| 9. | 3:300 | 2011/1/1 3：00 | 晴 | 14.395 | 75.0... | 2011-01-01 03：00：00 | 2.71828 | 2011/1/1 |
| 10. | 4:400 | 2011/1/1 4：00 | 晴 | 14.395 | 75.0... | 2011-01-01 04：00：00 | 2.71828 | 2011/1/1 |

如果日期列已经是日期类型的，那就可以直接使用日期的属性，这个方法更简单。

```
1.
2.    In[29]：df['Year'] = df['_日期'].dt.year
3.    ...：df['Month'] = df['_日期'].dt.month
4.    ...：df['Day'] = df['_日期'].dt.day
5.    ...：df['Hour'] = df['_日期'].dt.hour
6.    ...：df['Minute'] = df['_日期'].dt.minute
7.    In[30]：df.head()
8.    Out[30]：
9.
```

| | Minute | 日期 | 天气 | 温度 | 湿度 | 风速... | Day | Hour | Year | Month |
|---|---|---|---|---|---|---|---|---|---|---|
| 11. | 0 | 2011/1/1 0：00 | 晴 | 14.395 | 81.0 | 0.0... | | 10 | 2011 | 10 |
| 12. | 1 | 2011/1/1 1：00 | 晴 | 13.635 | 80.0 | 0.0... | | 11 | 2011 | 10 |
| 13. | 2 | 2011/1/1 2：00 | 晴 | 13.635 | 80.0 | 0.0... | | 12 | 2011 | 10 |
| 14. | 3 | 2011/1/1 3：00 | 晴 | 14.395 | 75.0 | 0.0... | | 13 | 2011 | 10 |
| 15. | 4 | 2011/1/1 4：00 | 晴 | 14.395 | 75.0 | 0.0... | | 14 | 2011 | 10 |

**4. 查补缺失值**　一般来说，会先总体了解数据的缺失状况，然后根据情况填充指定值，或者均值、众数。

```
1.    In[1]: import numpy as np
2.       ...: import pandas as pd
3.
4.    In[2]: df = pd.read_csv('dataclean.csv',
5.       ...:                  encoding = 'utf8',
6.       ...:                  parse_dates = ['日期'])
7.
8.    In[3]: df.isnull().sum()
9.    Out[3]:
10.   日期 0
11.   天气 0
12.   温度 1
13.   湿度 1
14.   风速 0
15.   运动人数 0
16.   dtype: int64
17.
18.   In[4]: df.isnull().any()
19.   Out[4]:
20.   日期 False
21.   天气 False
22.   温度 True
23.   湿度 True
24.   风速 False
25.   运动人数 False
26.   dtype: bool
27.
28.   In[5]: df[df['温度'].isnull() | df['湿度'].isnull()]
29.   Out[5]:
```

| | 日期 | 天气 | 温度 | 湿度 | 风速 | 运动人数 |
|---|---|---|---|---|---|---|
| 30. | | | | | | |
| 31. 14 | 2011-01-01 14:00:00 | 雾 | NaN | 72.0 | 19.0012 | 106 |
| 32. 37 | 2011-01-02 12:00:00 | 雾 | 16.665 | NaN | 19.9995 | 93 |

从上面的代码的执行可以发现温度、湿度列各存在一个缺失值。代码第 28 行，用逻辑切片找出了这两条包含缺失值的记录。

可以用 fillna 函数来填充缺失值，下面的代码中温度用均值，湿度用指定值。如果是众数使用：df.

温度 . mode( )。

```
1.    In[6]：df. 温度 . fillna( df. 温度 . mean( )，inplace = True) #用均值填充
2.       ...：df. 湿度 . fillna( 72，inplace = True)              #用指定值填充
3.
4.    In[7]：df[ df['温度'] . isnull( )  |  df['湿度'] . isnull( )]
5.    Out[7]：
6.    Empty DataFrame
7.    Columns：[日期，天气，温度，湿度，风速，运动人数]
8.    Index：[ ]
```

如果需要删除有缺失值的记录，可以使用 dropna 函数，how ='any '参数的含义是在两列中出现一个缺失值就删除，如果 how ='all '就需要两列同时缺失才会被删除。

```
1.    In[1]：import numpy as np
2.       ...：import pandas as pd
3.       ...：
4.       ...：df = pd. read_csv('dataclean. csv ',
5.       ...：              encoding ='utf8 ',
6.       ...：              parse_ dates =['日期'])
7.
8.    In[2]：df. isnull( ) . sum( )
9.    Out[2]：
10.   日期  0
11.   天气  0
12.   温度  1
13.   湿度  1
14.   风速  0
15.   运动人数   0
16.   dtype：int64
17.
18.   In[3]：df. dropna( subset =[' 温度 ',' 湿度 ']，how ='any '，inplace = True)
19.
20.   In[4]：df. isnull( ). sum( )
21.   Out[4]：
22.   日期  0
23.   天气  0
24.   温度  0
25.   湿度  0
26.   风速  0
27.   运动人数   0
28.   dtype：int64
```

**5. 查删重复值**　查找重复值可以使用 duplicated( ) 函数，下面的代码演示了在一个列上查找重复值，和在多个列上查找重复值的方法。

```
1.        In[7]：df [df.日期.duplicated( )]
2.        Out[7]：
3.                          日期    天气    温度    湿度    风速    运动人数
4.        22   2011 - 01 - 01   21：00：00    雾    20.455   87.0   12.9980       34
5.        36   2011 - 01 - 02   11：00：00    雾    16.665   71.0   16.9979       70
6.
7.        In [8]：df [df.duplicated (subset = ['日期', '天气'])]
8.        Out [8]：
9.                          日期    天气    温度    湿度    风速    运动人数
10.       22   2011 - 01 - 01   21：00：00    雾    20.455   87.0   12.9980       34
11.       36   2011 - 01 - 02   11：00：00    雾    16.665   71.0   16.9979       70
```

如果要删除重复的记录，可以使用 drop_duplicates 函数，keep 参数表示重复记录保留哪一个，默认保留第一个。

```
1.        In[10]：df.drop_duplicates(keep = 'first', inplace = True)
2.
3.        In[11]：df[df.duplicated(subset = ['日期', '天气'])]
4.        Out[11]：
5.        Empty DataFrame
6.        Columns：[日期，天气，温度，湿度，风速，运动人数]
7.        Index：[ ]
```

**6. 离群值/异常值的检测**　如果数据的分布是满足正态分布的（图 10 - 1），超过三个标准差的数据大概率是离群值，在数据分析中离群值常常揭示了某些规律，所以找出离群值是数据分析中经常用到的操作。

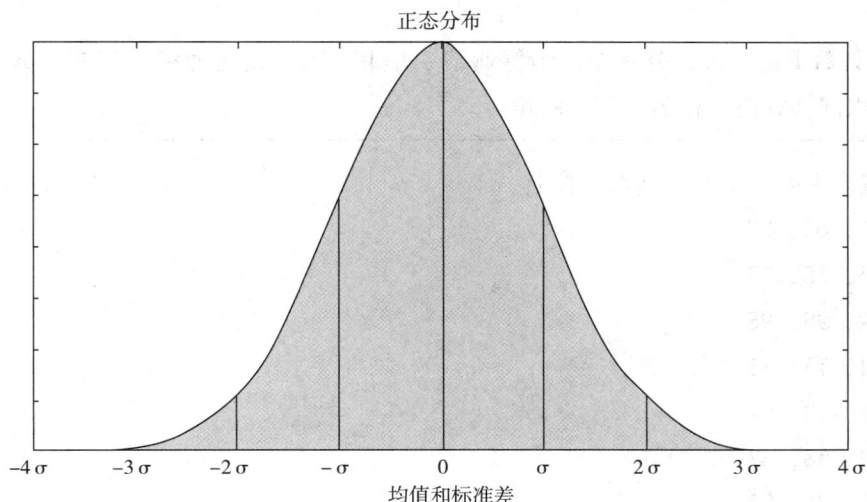

图 10 - 1　正态分布的均值和标准差

超过三个标准差的数据也可能是异常值，但是这不是一个可以简单套用的规则，要根据具体情况谨慎分析。这里仅展示了用三个标准差作为阈值来筛选异常值的编程方法，并不是说超过三个标准差的数据一定是异常值。

代码中 3 * df. 温度 . std( ) 就是温度的三个标准差。代码第 4 行，就是用逻辑切片筛选异常值。

```
1.      In[12]：outlier_left = df. 温度 . mean( ) – 3 * df. 温度 . std( )
2.      ... ：outlier_right = df. 温度 . mean( ) + 3 * df. 温度 . std( )
3.
4.      In[13]：df[(df['温度'] < outlier_left) | (df['温度'] > outlier_right)]
5.      Out[13]：
6.                      日期     天气    温度    湿度    风速    运动人数
7.      93  2011 – 01 – 04  23：00：00    晴   80.0  69.0  6.0032      11
8.      159 2011 – 01 – 07  20：00：00    晴   90.0  47.0  7.0015      51
```

删除异常值，可以用逻辑切片的方式。

```
1.      In[14]：df_temp = df[ ~((df[' 温度 '] < outlier_left) | (df[' 温度 '] > outlier_right))]
2.
3.      In[15]：df_temp[(df_temp[' 温度 '] < outlier_left) | (df_temp[' 温度 '] > outlier_right)]
4.      Out[15]：
5.      Empty DataFrame
6.      Columns：[日期，天气，温度，湿度，风速，运动人数]
7.      Index：[ ]
```

## 动手练

1. 有三个销售数据的文件，分别是：销售业绩 – 华北 . csv，销售业绩 – 华东 . csv，销售业绩 – 华南 . csv。文件的内部格式是一样的，如下所示：

```
商品代码，张三，李四，王五，赵六，孙七
A1，89，60，67，65，87
A2，72，51，75，88，79
A3，86，84，72，98，98
A4，52，97，61，73，81
B1，54，66，78，78，57
B2，76，99，89，58，67
C1，54，77，83，75，93
```

就是销售人员：张三，李四，王五，赵六，孙七在各个地区的销售数据。可以自己建立并生成这些数据。

请完成如下工作。

（1）读取各地区销售业绩表中相关数据。

（2）确保销售数据是数值类型的，如果不是就做类型转换。

（3）计算每位销售人员在各个地区的销售额总和。

（4）根据每位销售人员的销售总额排序，获得最佳和最差销售人员。

# 项目十一　数据可视化

**学习目标**

**职业能力目标**

掌握 Matplotlib 图形参数设置，包括线条、坐标轴、图例等。

了解基本的统计学知识，能够分析和解释数据；数据可视化设计思路，根据数据类型和特点能合理地选择图形进行数据可视化。

熟练使用 Matplotlib 绘制一些基础图形，包括直方图、折线图、条形图、饼图、散点图等。

**典型工作任务**

在日常工作中，通常会对数据进行分析，从而对数据的未来走势做出预测，并支持做出合理的决策，而数据可视化可以提升对数据的理解以及使用效率，其在工作中的应用场景很广泛，主要有以下几类：利用丰富多样的图表展示数据，为企业决策提供支持；对产品的配方和成分、产品的质量情况进行控制和监管；对客户群体和所购买产品进行数据分析，对市场情况进行分析，促使企业制定更好的销售策略；对产品销量的影响因素进行分析，可以预测销量走势等等。

## 任务一　掌握 Matplotlib 数据可视化编程的方法

### 一、安装和引用 Matplotlib 模块

Matplotlib 是用于数据可视化的图表模块，基于 Matplotlib 用户能以编程方式设置、控制图表的各种图形元素。Matplotlib 也是 Python 生态的一部分，所以可以与 Python 编程语言、NumPy、Pandas 库集成使用。

在 Anaconda 编程环境中，Matplotlib 是默认安装的模块，特殊情况下如果需要安装 Matplotlib 模块可以使用 conda 或 pip 包管理工具。在 Windows 启动菜单中找到"Anaconda Prompt"，单击启动命令行窗口。在命令行窗口中输入以下 conda 命令，就可以安装模块：

```
conda install – c conda – forge matplotlib
```

或者 pip 命令：

```
pip install Matplotlib
```

引用 Matplotlib 模块的方法，一般是：

```
1.        import matplotlib. pyplot as plt
2.        import numpy as np
```

也可以是：

```
1.    from pylab import *
```

pylab 将 pyplot 的函数和 numpy 的函数都导入一个名称空间，因此不再需要单独导入 numpy。如果这样导入 pylab，则可以直接调用 pyplot 和 numpy 模块中的函数，而无需引用 plt、np 模块（名称空间）。

```
1.    from pylab import *
2.    x, y = array([1, 2, 3, 4]), array([1, 2, 3, 4])
3.    plot(x, y)
4.
5.    # 不需要
6.    #x, y = np.array([1, 2, 3, 4], np.array([1, 2, 3, 4]
7.    # plt.plot(x, y)
```

## 二、Matplotlib 图表成员的结构

现在通过一个 sin 函数可视化的例子，来了解 Matplotlib 图表元素结构，执行下面的代码：

```
1.    import numpy as np
2.    import matplotlib.pyplot as plt
3.
4.    X = np.linspace(-np.pi, np.pi, 256, endpoint = True)
5.    C = np.sin(X)
6.
7.    plt.figure(figsize = (9,6))
8.    plt.plot(X,C,color = "red")
9.    plt.text(-2,0,"$y = sin(x)$")
10.   plt.xticks([-np.pi, -np.pi/2, 0, np.pi/2, np.pi])
11.   plt.yticks([-1, 0, +1])
12.
13.   plt.xlabel('X')
14.   plt.ylabel('Y')
15.   plt.title('sin')
16.
17.   plt.show()
```

生成如图 11-1 所示的图表。

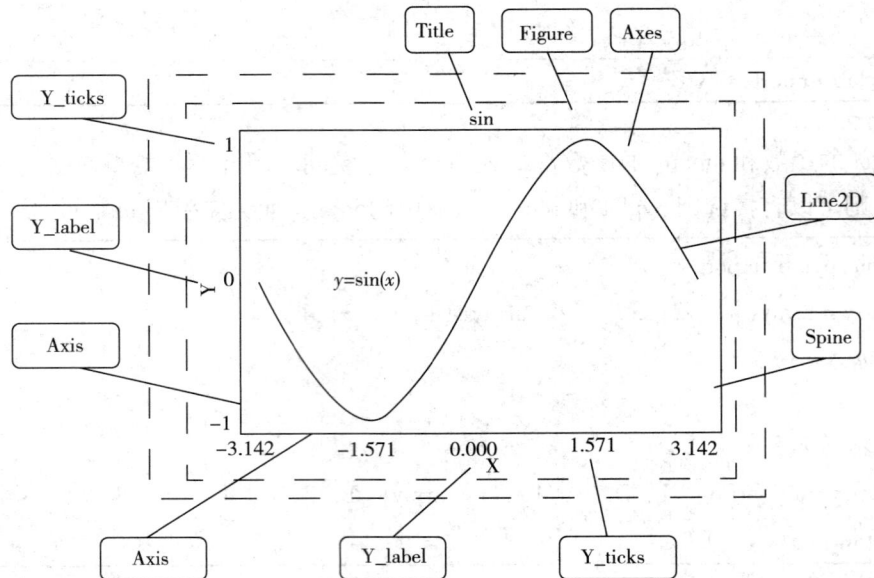

图 11 - 1  Matplotlib 图表成员

Matplotlib 的图表元素都属于 Artist 层，所有可见的图标元素都是 Artist 对象，图表元素中，图（Figure）是最顶层的，图（Figure）可以包含一个或多个坐标系（Axes），坐标系也可以认为是子图，一个坐标系（Axes）包含多个坐标轴（Axis）平面直角坐标系是两个坐标轴，坐标轴包含刻度（X_ticks 或 Y_ticks）和标签（X_label 或 Y_label），图表中可以绘制各种图形（例如 Line2D）和文本（Text）。Spine 是图的外框，或者叫脊线。

图表元素结构如图 11 - 2 所示。

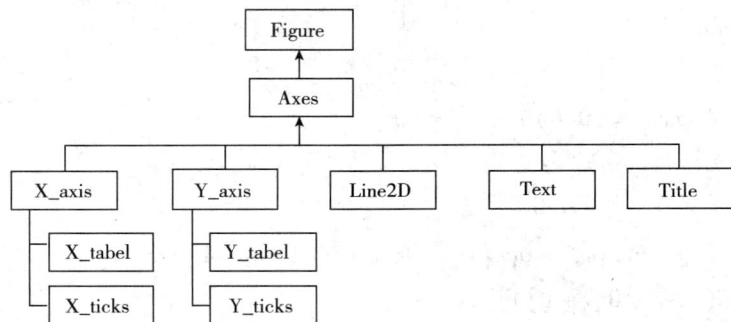

图 11 - 2  图表成员的层次关系

## 三、Matplotlib 编程方式

如果看过 Matplotlib 编程的例子，会发现不需要 figure、axes 对象，只需要 pyplot 就可以绘图了，这是因为 Matplotlib 有两种编程方式：

（1）显式的引用对象的编程方式。就是显式地创建图（Figure）和子图（坐标系，Axes），并调用它们的方法，这就是经典的面向对象（OO）风格。

1.　　　　import matplotlib. pyplot as plt

```
2.
3.        fig = plt. figure(figsize =(9,6))
4.        ax = fig. gca()
5.        ax. plot([1, 2, 3, 4, 5], [0.1, 0.4, 0.6, 0.8, 1.0])
```

上面的代码中，第 3 行 figure（）得到一个 Figure 对象，其中 9 表示图的宽度，6 表示图的高度，然后代码第 4 行，gca（）得到子图并绑定在名称 ax 上，gca 就是 get current axes，代码第 5 行通过子图调用绘图的程序。

（2）隐式地使用 pyplot 的编程方式。pyplot（别名 plt）对象可以跟踪当前图和子图，所以就不需要显式地使用 Figure 和 Axes 对象。上面的代码可以等效地改写成下面这样，看上去就像在使用 pyplot 的函数进行编程，当然内部还是使用了子图对象的函数。

```
1.        import matplotlib. pyplot as plt
2.
3.        plt. figure(figsize =(9, 6))
4.        plt. plot([1, 2, 3, 4, 5], [0.1, 0.4, 0.6, 0.8, 1.0])
```

## 四、使用多个子图

在 Figure 对象默认包含一个 Axes 对象，但也可以用程序设置多个 Axes 对象，每个 Axes 对象相当于一个子图。创建子图的方法主要有两种：一种是分步添加子图，再分别绘制图形；另一种是一次创建多个子图，再选择其中的子图继续绘制。

（1）分步添加子图　在 Matplotlib 中，可以用 add_ subplot 逐个创建子图，代码如下：

```
1.        import matplotlib. pyplot as plt
2.        fig = plt. figure(figsize =(6,4)) # 创建一个空白绘图窗口并绑定在名称 fig 上
3.        ax1 = fig. add_subplot(221) # 第 1 个数字为行，第 1 个数字是列，第 3 个数字子图编号
4.        ax2 = fig. add_subplot(224) # 2 行 2 列子图的第 4 个
5.        plt. show() # 显示绘图窗口
```

输出结果如图 11 -3 所示。

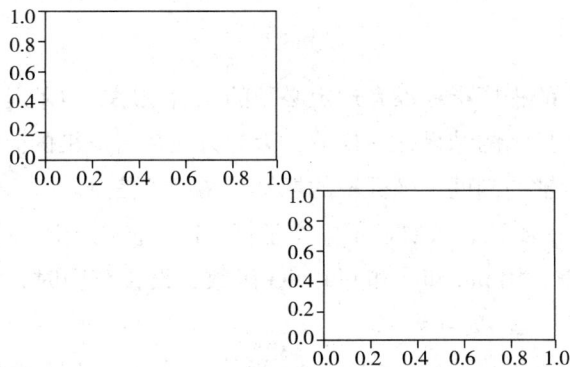

图 11 -3　分步创建多个子图

（2）一次创建多个子图　在 Matplotlib 中，可以利用 subplots 函数一次创建多个子图，代码如下：

```
1.    import matplotlib. pyplot as plt
2.    fig,axes = plt. subplots(2,3) #创建 2 行 3 列的绘图窗口
3.    ax1 = axes[0,1] # 引用某个子图,列和行都从 0 开始编号
4.    ax2 = axes[1,2]
5.    plt. show() # 显示绘图窗口
```

输出结果图 11 - 4 所示。

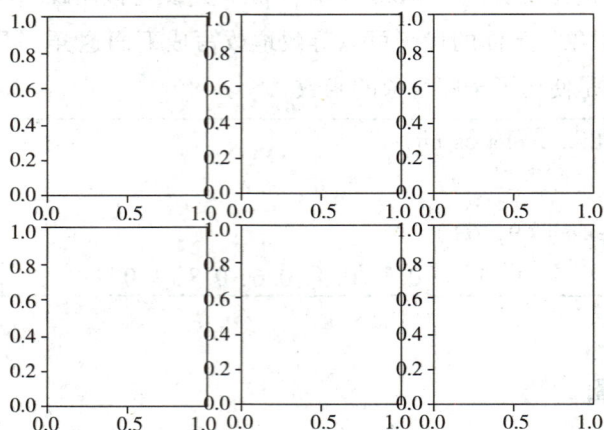

图 11 - 4　一次创建多个子图

创建子图时，如果需要同时绘制所有子图，可利用循环语句进行绘制，代码如下：

```
1.    import matplotlib. pyplot as plt
2.    import numpy as np
3.
4.    x = np. array([1,2,3,4,5])
5.    fig,axes = plt. subplots(2,2) # 创建 m 行 n 列的绘图窗口
6.    for ax in axes. ravel():        # 遍历子图
7.        ax. plot(x,x)
```

## 五、设置图的成员

设置图的成员和绘制图形的程序指令没有规定必须的先后顺序，也就是说程序指令的先后次序是任意的，只要不相互冲突，最后显示的结果是一样的，因为只在最后渲染的时候，这些程序才会实际起作用。图的成员包括标题、坐标轴的刻度、坐标轴的标签、图例等信息。

（1）设置标题，用 plt. title 函数，若要显示中文字符，需要使用 rcParams 参数设置图的风格。

（2）设置坐标轴刻度范围，用 plt. xlim 和 plt. ylim 函数，设置范围时，需要将范围写进列表中，如 plt. xlim([0, 12]) 表示 x 轴的范围为 0 到 12。

（3）设置坐标轴刻度，用 plt. xticks 和 plt. yticks 函数，且将一系列刻度都写进列表中，用逗号隔

开。如 plt. xticks([0，2，4，6，8，10，12])，也可用 np. arange 生成的序列。

（4）设置坐标轴的标签。用 plt. xlabel 和 plt. ylabel 函数，例如 plt. xlabel(" X")。

（5）设置图例。用 plt. legend() 函数，前提是需要先在绘图的函数中设置标签，例如：plt. plot(x，y，label ='curve')，图例中就会出现'curve'。

下面的案例中，设置标题为 Testing Title，X 坐标轴标签为 Time，Y 坐标轴标签为 Y，X 轴的刻度范围为 0 到 12，显示数值的刻度分别是 0，2，4，6，8，10，12。代码如下：

```
1.      import matplotlib. pyplot as plt
2.      plt. figure(figsize =(6,4)) #创建一个 6 * 4 的绘图窗口
3.      plt. title("Testing Title") #添加标题"Testing Title"
4.      plt. ylabel("Y")
5.      plt. xlabel("Time")
6.      plt. xlim([0,12]) #将 x 轴范围设为 0 到 12
7.      plt. xticks([0,2,4,6,8,10,12])
8.      plt. show()
```

输出结果如图 11 - 5 所示。

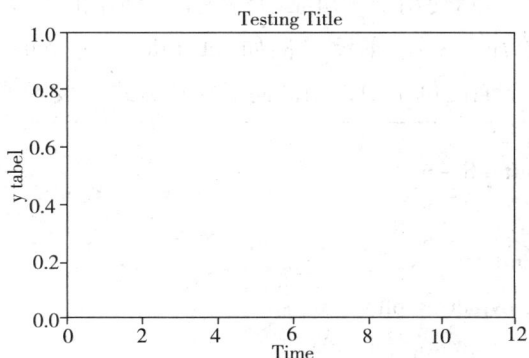

图 11 -5　设置图的标题、轴标签、刻度

如果图中标题、标签、文本是中文，就需要设置 rcParams 参数，rc 的含义可能是 run command 或者 runtime config，就是运行时的命令或者运行时的配置，通过参数的设置，可以在图表渲染时采用规定的字体，字体大小，颜色等风格，这个设置全局有效的。示例代码如下：

```
1.      import matplotlib. pyplot as plt
2.      plt. figure(figsize =(6,4)) #创建一个 6 * 4 的绘图窗口
3.      plt. rcParams['font. sans - serif'] =['SimHei'] #设置中文字体为黑体
4.      plt. rcParams['axes. unicode_minus'] = False #表示可显示负数
5.      plt. rcParams['font. size'] =20 #显示字体大小为 20
6.      plt. rcParams['text. color'] ='r' #显示字体颜色
7.      plt. title("测试标题") #添加标题"测试标题"
8.      plt. ylabel("y label")
```

```
9.        plt. xlabel("x label")
10.       plt. xticks([-2,-1,0,1,2])
11.       plt. show()
```

输出结果如图 11 - 6 所示。

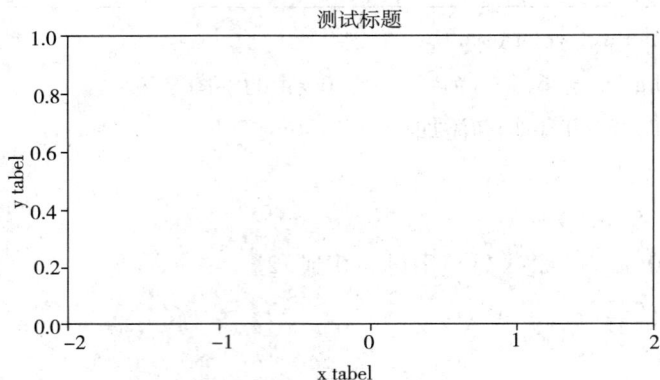

图 11 - 6  设置 rcParams 参数显示中文

如果采用面向对象的方式，显示使用子图对象编程，上面使用的函数就需要替换为子图的函数，这些函数几乎就是在 plt 的函数前加上 set_ 前缀，例如 set_title、set_xlabel、set_ylabel、set_xticks、set_yticks 等，legend 函数是例外。下面的例子中，用面向对象的方式，设置了子图的成员。

```
1.        # - * - coding：utf - 8 - * -
2.
3.        import numpy as np
4.        import matplotlib. pyplot as plt
5.
6.        fig, axs = plt. subplots(2, 1)
7.        fig. tight_layout(h_pad = 2)    # w_pad
8.        x = np. linspace(-np. pi, +np. pi, endpoint = True)
9.        y_sin = np. sin(x)
10.       y_cos = np. cos(x)
11.       # 用循环遍历子图设置图的成员
12.       for ax in axs：
13.           ax. set_xlim([-np. pi, +np. pi])
14.           ax. set_ylim([-1 * 1. 1, 1 * 1. 1])
15.           ax. set_xticks([-np. pi, -np. pi/2, 0, np. pi/2, +np. pi],
16.               [r'$-\pi$', r'$-\pi/2$', r'$0$', r'$+\pi/2$', r'$+\pi$'])
17.           ax. set_yticks([-1, 0, 1])
18.
```

```
19.        axs[0].plot(x, y_sin, label = "sine")
20.        axs[0].set_title('sine')
21.        axs[0].legend(loc ='upper left')
22.
23.        axs[1].plot(x, y_cos, label = "cosine")
24.        axs[1].set_title('cosine')
25.        axs[1].legend(loc ='upper left')    # 位置在左上角
26.
27.        plt.savefig("Figure1.png")  #将输出结果保存为图片
```

输出结果如图 11 – 7 所示。

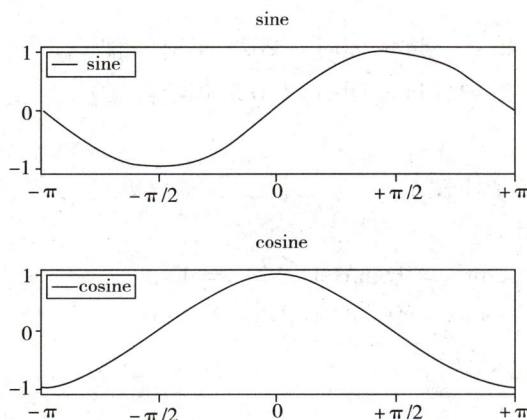

图 11 – 7　子图对象编程结果

## 六、Matplotlib 字体样式参数配置

下面将结合案例介绍 Matplotlib 各种成员的字体样式参数的设置。

分析某药品企业 2021 年和 2022 年的销售额在全国各地区的增长情况，分别统计每个地区在 2021 年和 2022 年的数据，绘制柱状图，代码如下：

```
1.        # – * – coding：utf – 8 – * –
2.
3.        import numpy as np
4.        #导入可视化分析相关的库
5.        import matplotlib.pyplot as plt
6.
7.        # rcParams 对全局字体参数的设置
8.        plt.rcParams['font.sans – serif'] = ['SimHei']
9.        plt.rcParams['axes.unicode_minus'] = False
```

```
10.
11.          #设置输出的图片大小
12.          plt.figure(figsize=(10,8))
13.
14.          #数据设置
15.          districts=['中南','东北','华东','华北','西南','西北']
16.          x = np.arange(len(districts))
17.          y1=[223.65,488.28,673.34,870.95,1027.23,1193.34]
18.          y2=[214.71,445.66,627.11,800.73,956.88,1090.24]
19.
20.          # 对比柱状图
21.          width=0.4
22.          plt.bar(x-width/2,y1,width,label='2021年销售额')
23.          plt.bar(x+width/2,y2,width,label='2022年销售额')
24.
25.          #设置坐标刻度和字体样式
26.          plt.xticks(x,districts)
27.          plt.yticks(fontproperties='SimHei',size=15)
28.          plt.xticks(fontproperties='SimHei',size=15)
29.
30.          # 设置字体样式
31.          font1={'family':'SimHei','weight':'normal','size':15}
32.          font2={'family':'SimHei','weight':'normal','size':20}
33.
34.          # 设置标题及字体样式
35.          plt.title('各地区销售',fontdict=font2)
36.          # 设置图例及字体格式
37.          plt.legend(prop=font1)
38.
39.          #设置坐标的名称及字体格式
40.          plt.xlabel('地区',fontdict=font2)
41.          plt.ylabel('销售额',fontdict=font2)
42.
43.          plt.show() # 输出图形
```

输出结果如图11-8所示。

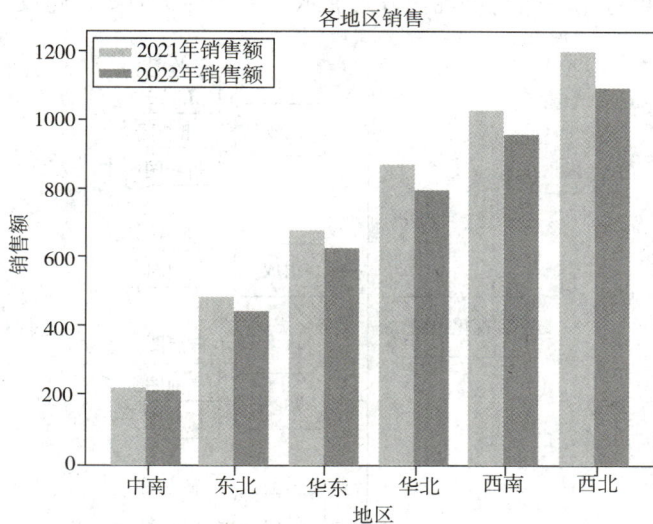

图 11 - 8　字体样式设计的结果

# 任务二　常用图形的案例

## 一、掌握数据可视化设计思路

数据可视化方式会因数据的特点和场景的变化而改变，总体而言需考虑以下 4 点：明确问题、确定基本框架及指标、选择适当的图形展示、突出关键信息。

**1. 明确想说明的问题**　了解了数据的特点后，需要思考想从已有的数据中了解什么，答案越具体，设计就越明确。例如想知道数据中销售情况最好的和最差的各是什么，可以研究销售额的大小；如果数据中有多个变量，就要觉得什么是有利的因素，什么是不利的因素。如果有时序数据，则可以了解近十年什么因素得到了改善，或什么因素更糟了。当针对数据提问时，随着研究的深入，会出现更多需要研究的问题，这就提供了研究的重点和目标，对设计过程也很有帮助。

**2. 确定基本框架及指标**　对整个图表设计一个初步的框架，即概览图；并将最终需要提供的信息转换成明确的指标。指标数据类型通常可分为定性数据和定量数据。定性数据是由非数值类别的值组成的。而定量数据是由代表数量或尺度的值组成的，即有数值意义的数据。在绘制可视化图形时，明确所定指标的数据是哪个类型。

**3. 选择适当的图形展示**　不同类型的数据，所适合用来展示的图形也是不同的。比如定类数据，可以用变量为不同的类别，且类别能用频数表示其出现的频度。这类数据，在绘制图形时可选用条形图、柱状图、饼图等图形展示。而定量数据，有具体的数值，除了使用以上图形展示数据，更多的可以绘制直方图、散点图、折线图等图形展示。其中，若想要了解某些变量在时序中的变化趋势，折线图会更为直观。

除了了解数据类型以外，还需要考虑数据的逻辑关系。通常数据的逻辑关系可分为 4 种：比较、组成、联系和分布。其中，比较关系主要关注不同类别、分组或时间变化数据中的情况；分布关系主要关注不同数值范围内包含数据量的情况；构成关系主要关注各部分与整体占比的情况；联系关系主要关注两个及两个以上的变量之间关系的情况。

针对数据逻辑关系，可选用不同的可视化方式展示。图 11 – 9 为图表建议。

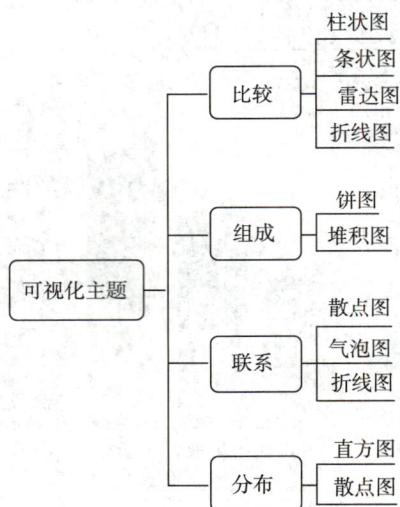

图 11 – 9    不同可视化主题的图表选择

**4. 突出关键信息**    可视化的设计核心是设计更清晰的图表，让图表简单易读。人在看任何东西时，总是倾向于识别那些引人注目的信息，比如明亮的颜色、较大的物体，以及处于身高曲线长尾端的人。可视化数据时，可以用醒目的颜色突出显示数据，淡化其他视觉元素，把它们当作背景。用线条和箭头引导视线移向兴趣点。这样就可以建立起一个视觉层次，突出关键信息，把周围信息当作背景信息。

## 二、柱状图

柱状图是统计中常用的图形之一，一般用于描述分类型数据对比，也能描述间隔时间的变动趋势，每根柱子宽度固定，柱子之间会有固定间距。可将分类型数据设为 X 轴，统计值（频数）设为纵坐标。柱状图根据变量的数量分为单变量的简单柱状图和多变量的多重柱状图。

在 pyplot 模块中，plot(kind = bar) 可以针对 Series 或 DataFrame 格式的数据绘制柱状图。更一般的情形是使用 pylot 模块提供的柱状图函数 bar，代码如下：

plt. bar(x,height,width,color,edgecolor,label)

**1. 绘制简单柱状图**    若有三个样本数据，用简单柱状图体现三个样本中 b 成分的含量。代码如下：

```
1.      #导入相关的库
2.      import pandas as pd
3.      import matplotlib. pyplot as plt
4.      #数据设置
5.      dict = {'a':['样本 1','样本 2','样本 3'],
6.      'b':[95,85,90],'c':[60,65,70],'d':[100,80,90],'e':[65,70,75]}
7.      data = pd. DataFrame(dict)
8.      print(data)
9.      plt. rcParams['font. sans – serif'] = ['SimHei']
```

```
10.        plt.rcParams['font.size'] = 20  #显示字体大小为 20
11.        plt.rcParams['text.color'] = 'black'  #显示字体颜色
12.        #设置坐标
13.        plt.ylabel("含量(%)")
14.        plt.xlabel("样本")
15.        x = data['a']
16.        height = data['b']
17.        width = 0.4
18.        plt.bar(x,height,width,color = 'darkorange',edgecolor = 'b')
19.        plt.title("b 成分的含量")
20.        plt.show()
```

输出结果如图 11 – 10 所示。

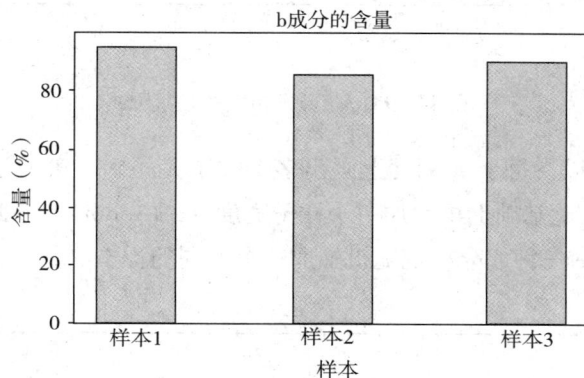

图 11 – 10 柱状图

默认的图形没有数据标签，添加简单柱状图的数据标签时，首先确定柱子对应的数据标签，然后在柱子上方添加该柱子的数据标签。在前面代码的基础上，添加数据标签时，位置可略高于柱子的实际高度。设置数据标签可用 text 函数，该函数有 3 个参数，分别是数据标签横坐标、数据标签纵坐标、数据标签显示值。代码如下：

```
1.        x = [x1, x2, x3]
2.        height = [h1, h2, h3]
3.        for i,j in zip(x,height):
4.            plt.text(i,j + h,j)    # i,j + h 是数据标签坐标,h 表示标签高于柱子的位置
```

把前面的柱状图的代码的最后一行 plt.show() 删除，添加下面的代码，注意 x 轴要用索引不能用值：

```
1.        #添加数据标签
2.        x_indexes = range(len(x))
```

```
3.        for i,j in zip(x_indexs,height):
4.            plt.text(i,j+2,j,color = 'black',size = 15,ha ='center')
5.        plt.show()
6.
```

输出结果如图 11 - 11 所示。

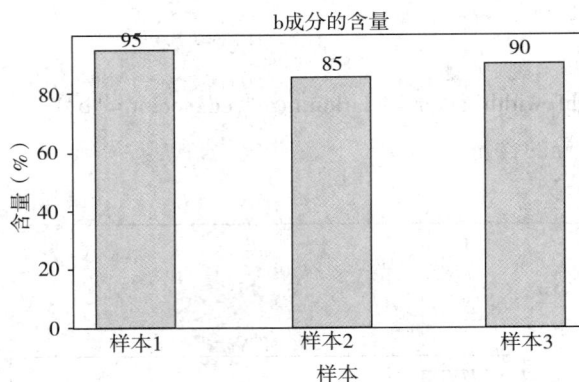

图 11 - 11　带数据标签的柱状图

**2. 绘制多重柱状图**　可以在每个 X 刻度上画出多个柱子。先确定第一个柱子的数字刻度位置（如简单柱状图中所示），然后在此基础上再增加一个柱子宽度（x + width），以此类推。

若某药品中包括 c、d、e 三种成分，现随机抽取三个不同的样本测其三种成分的含量分布情况。代码如下：

```
1.     import pandas as pd
2.     import numpy as np
3.     import matplotlib.pyplot as plt
4.     dict = {'b': [15, 5, 10], 'c': [5, 15, 20], 'd': [9, 20, 12], 'e': [15, 20, 25]}
5.     data = pd.DataFrame(dict)
6.     print(data)
7.     plt.rcParams['font.sans - serif'] = ['SimHei']
8.     plt.rcParams['font.size'] = 15 #显示字体大小为15
9.     plt.rcParams['text.color'] ='black' #显示字体颜色
10.    plt.ylabel(" 含量（%）")
11.    plt.xlabel(" 样本")
12.    x = np.arange(1, 4) #设置 x 轴刻度为1，2，3
13.    height1 = data['c']
14.    height2 = data['d']
15.    height3 = data['e']
16.    width = 0.2
17.    plt.bar(x, height1, width, color = 'darkorange', edgecolor = 'b', label = 'c 成分')
```

| 18. | plt. bar( x + width , height2 , width , color =' yellowgreen ' , edgecolor =' b ' , label =' d |
| 19. | 成分 ') |
| 20. | plt. bar( x + 2 ∗ width , height3 , width , color =' skyblue ' , edgecolor =' b ' , label =' e |
| 21. | 成分 ') |
| 22. | plt. legend( loc =' upper left ')#设置标签位置 |
| 23. | plt. title( " X 药品成分含量分布" ) |
| | plt. show( ) |

输出结果如图 11 – 12 所示。

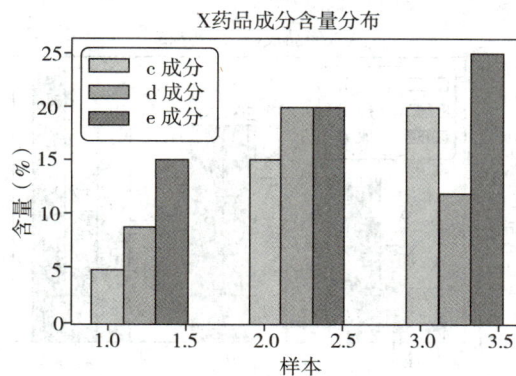

图 11 – 12　多重柱形图

由输出图示可见，X 轴样本名称无，若需要显示文本刻度，即将数字刻度［1，2，3］转换为
［'样本 1''样本 2''样本 3'］可用 plt. xticks 将数字刻度转换为文本刻度。且新刻度应放在第 2 组系列柱
子的中间位置。在绘制时，增加一行代码 plt. xticks（x + width，data［'a'］）即可。代码如下：

| 1. | plt. xticks( x + width , data[ ' a ' ])#将 x 轴刻度重新设为 a 列数据 |
| 2. | plt. legend( loc =' upper left ') |
| 3. | plt. title( " X 药品成分含量分布" ) |
| 4. | plt. show( ) |

输出结果如图 11 – 13 所示。

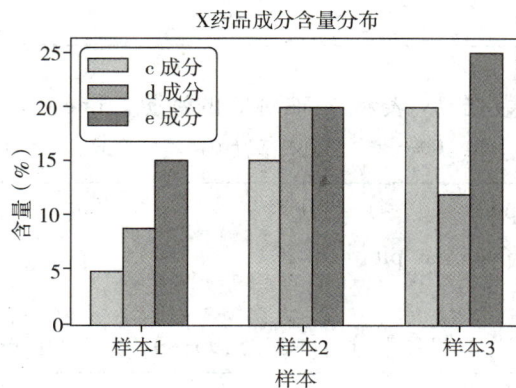

图 11 – 13　文本刻度的柱状图

添加复杂柱状图的数据标签时，要注意横坐标和纵坐标的变化。代码如下：

```
1.        for i,j in zip(x,height1):
2.            plt.text(i-0.05,j+2,j,color='b',size=15)
3.        for i,j in zip(x,height2):
4.            plt.text(i+0.15,j+2,j,color='b',size=15)
5.        for i,j in zip(x,height2):
6.            plt.text(i+0.35,j+2,j,color='b',size=15)
```

输出结果如图 11 - 14 所示。

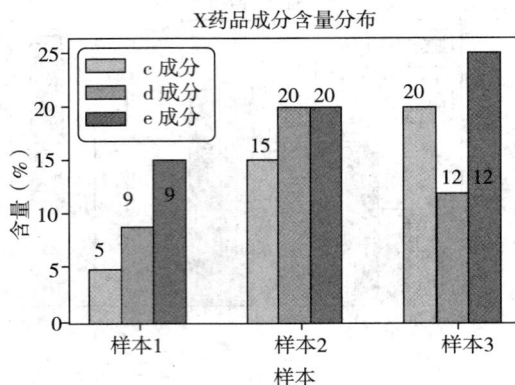

图 11 - 14  带数据标签的多重柱状图

另外，若想绘制条形图，可使用绘图 pylot 模块提供的柱状图绘制函数 barh。

```
1.        plt.barh(x,height,width,color,edgecolor,label)
```

## 三、折线图

折线图可以用来展示数据的变化趋势，主要用来查看因变量 y 随着自变量 x 改变的趋势，比较适合展示随时间变化的连续型数据。

pyplot 模块中绘制折线图的函数 plot，代码如下：

```
1.        plt.plot(x,y,linestyle)
```

其中，x 表示 X 轴对应的数据。y 表示 Y 轴对应的数据。linestyle 表示线条样式，linestyle 可取 " - " " - - " "..." " : " 四种，默认为 " - "。代码如下：

```
1.        import pandas as pd
2.        import matplotlib.pyplot as plt
3.        dict =
          {'a':['A','B','C','D','E'],'b':[90,85,90,80,95],'c':[60,65,70,65,75]}
```

```
5.        data = pd. DataFrame(dict)
6.        print(data)
7.        x = data['a']
8.        y = data['b']
9.        plt. plot(x, y, linestyle = '-')
10.       plt. show()
```

输出结果如图 11 – 15 所示。

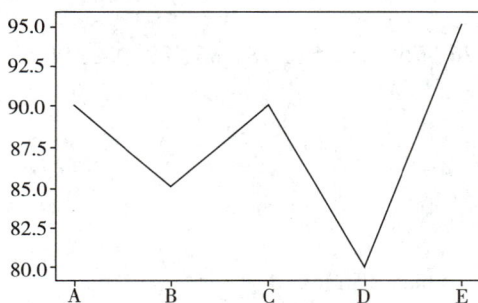

图 11 – 15　折线图

为了更好地体现折线图中数据的范围，可以通过辅助线标注最高点和最低点，可以先确定好最高点或最低点的横坐标与纵坐标，再添加辅助线。

**1. 确定最值位置**　先确定最大值或最小值，然后得到该值对应的索引位置，以 Series 的最大值为例，代码如下：

```
1.        s = pd. Series
2.        max = s. max()
3.        max_num = s. loc[s = = max]. index
```

可以用 Series. max() 算出 Series 中最大值，Series. min() 算出最小值。若最大值或最小值出现多次，可以用 index[0] 可以取出列表中的第一个元素。

**2. 根据最值添加折线图辅助线**　代码如下：

```
1.        x = s. index
2.        y = s
3.        plt. plot(x, y)
4.        max = s. max()
5.        max_num = s. loc[s = = max]. index[0]
6.        plt. axvline(max_num, color = 'b', linestyle = ':')
7.        plt. axhline(s[max_num], color = 'r', linestyle = ':')
```

现有某药企 2022 年全年的月销售额，用折线图表示其整年销售额的变化趋势（带辅助线）。代码如下：

```
1.    #导入可视化分析相关的库
2.    import pandas as pd
3.    import matplotlib. pyplot as plt
4.    #设置字体格式和数据能为负数
5.    plt. rcParams['font. sans – serif'] = ['Microsoft YaHei']
6.    plt. rcParams['axes. unicode_minus'] = False
7.    #设置 x 值和 y 值
8.    x = ['1 月', '2 月', '3 月', '4 月', '5 月', '6 月', '7 月', '8 月', '9 月', '10 月
9.    ', '11 月', '12 月']
10.   y = [50, 45, 65, 76, 75, 85, 55, 78, 86, 89, 94, 90]
11.   #确定最大值最小值
12.   s = pd. Series(y)
13.   print(s)
14.   max = s. max()
15.   max_num = s. loc[s == max]. index[0]
16.   print("s 中最大值对应的索引编号为:%d,最大值为:%d"%(max_num,s[max_num]))
17.   min = s. min()
18.   min_num = s. loc[s == min]. index[0]
19.   print("s 中最小值对应的索引编号为:%d,最大值为:%d"%(min_num,s[min_num]))
20.   #添加折线图辅助线
21.   x = s. index
22.   y = s
23.   plt. plot(x,y)
24.   max = s. max()
25.   max_num = s. loc[s == max]. index[0]
26.   plt. axvline(max_num,color ='b',linestyle =':')
27.   plt. axhline(s[max_num],color ='r',linestyle =':')
28.   #设置折线图
29.   plt. plot(x, y, color = 'r', linestyle = 'dashdot', linewidth = 2, marker = '*',
30.   markersize = 10)
31.   #设置坐标的名称及字体格式
32.   font1 = {'family':'SimHei','weight':'normal','size':20}
33.   plt. xlabel('月份',font1)
34.   plt. ylabel ('销售额(百万元)',font1)
35.   plt. show()
```

输出结果如图 11 –16 所示。

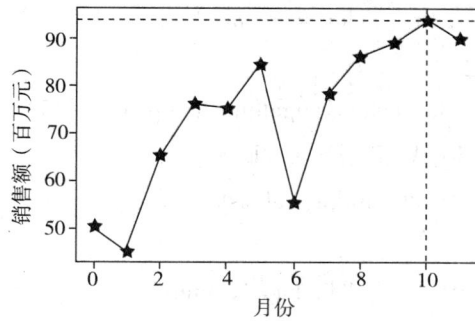

图 11 – 16 带辅助线的折线图

## 四、雷达图

雷达图又称蜘蛛网图或极坐标图，可以用来对比不同样本之间的多变量数据。雷达图的每个变量都有一个从中心向外发射的轴线，所有的轴之间的夹角相等，每个轴的刻度相同，每个变量在其各自的轴线的数据点连接成一个多边形。每个变量都有一条轴线，而样本的个数则为多边形的数量。

客户对某产品进行评价，从五个维度打分满分为 100，经调查评价分为 83、61、95、67、88。用雷达图表示客户对该产品的评价情况。

```
1.    #导入相关的库
2.    import numpy as np
3.    import matplotlib. pyplot as plt
4.    import matplotlib
5.    #设置字体
6.    matplotlib. rcParams['font. family']  ='SimHei'
7.    matplotlib. rcParams['font. sans – serif'] = ['SimHei']
8.    #根据变量设置坐标轴并绘制雷达图
9.    labels = np. array(["A", "B", "C", "D", "E"])
10.   dataLenth = len(labels) # 数据长度
11.   data = np. array([83, 61, 95, 67, 88])
12.   #根据数据量分割圆周长，用于轴之间的角度
13.   angles = np. linspace(0, 2 * np. pi, dataLenth, endpoint = False)
14.   #对 labels 进行封闭
15.   data = np. concatenate((data, [data[0]]))
16.   angles = np. concatenate((angles, [angles[0]]))
17.   labels = np. concatenate((labels, [labels[0]]))
18.   #设置图形为极坐标图
19.   fig = plt. figure(12 * 12)
20.   plt. subplot(111, polar = True)
21.   #绘制多边形
```

```
22.        plt. plot( angles, data, ' * ', color = ' orange ', linewidth = 4 )
23.        #填充多边形的颜色
24.        plt. fill( angles, data, facecolor = ' lightblue ', alpha = 0. 45 )
25.        # 设置每个轴的标签：A，B，C，D，E
26.        plt. thetagrids( angles * 180/np. pi, labels )
27.        #添加雷达图标题
28.        plt. figtext( 0. 52, 0. 95, '雷达图', ha = ' center ')
29.        plt. grid( True )
30.        plt. show( )
```

上面的代码当中，

（1）第 10 行中的 dataLenth 代表数据数量，即客户评价的五个维度。

（2）第 12 行中的 linspace 函数，根据数据量等分成圆的角度。

（3）因为默认并不会完成线条的闭合绘制，所以在绘制的时候需要对图形进行闭合。重复添加第 0 个位置的值。

输出结果如图 11 – 17 所示。

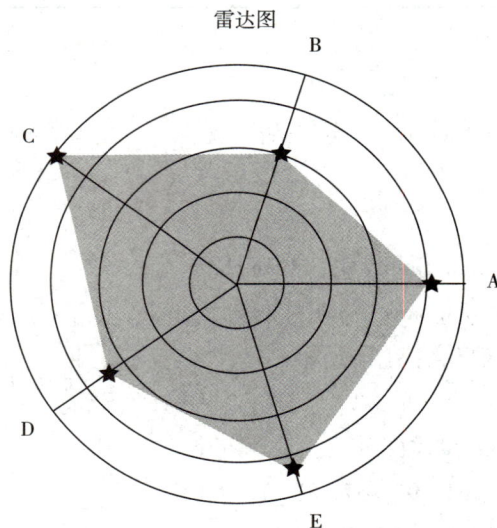

**图 11 – 17　雷达图**

**绘制多个样本多变量雷达图**　若有多个样本，需先用函数 DataFrame 绘制数据，再进行雷达图的绘制。

若有两组不同地区的客户对例 7 的产品进行 5 维度评价，两组分数分别为 group_A：83，78，80，70，28，group_B：95，60，80，70，80。代码如下：

```
1.        #导入相关库
2.        import numpy as np
3.        import matplotlib. pyplot as plt
```

```
4.      import pandas as pd
5.      from math import pi
6.
7.      plt.rcParams['font.sans - serif'] = ['SimHei']
8.      plt.rcParams['axes.unicode_minus'] = False
9.
10.     #绘图数据
11.     df = pd.DataFrame(dict(categories = list("ABCDE"),
12.     group_A = [83, 78, 80, 70, 28], group_B = [95, 60, 80, 70, 80]))
13.
14.     N = df.shape[0]    #变量的个数
15.
16.     #设置每个点的角度值
17.     angles = np.linspace(0, 2 * np.pi, N, endpoint = False)
18.     angles = np.concatenate((angles, [angles[0]]))
19.
20.     #数据闭合, 0 行复制到最后一行
21.     df.loc[len(df.index)] = df.iloc[0]
22.
23.     #设置图形为极坐标图
24.     fig = plt.figure(12 * 12, dpi = 100)
25.     plt.subplot(111, polar = True)
26.
27.     #绘制雷达图
28.     colors = ['b', 'r', 'g', 'm', 'y']
29.     i = 0
30.     for column in df.columns[1:]:
31.         #绘制多边形
32.         plt.plot(angles, df[column], '-', color = colors[i],
33.                 linewidth = 1, label = column)
34.         #填充多边形的颜色
35.         plt.fill(angles, df[column], alpha = 0.1)
36.         i = i + 1
37.
38.     # 设置每个轴的标签:A, B, C, D, E
39.     plt.thetagrids(angles * 180/np.pi, df.categories)
40.     plt.legend(df.columns[1:], loc = (0.9, .95))
41.     plt.show()
```

在上面的代码当中的 DataFrame 数据是这样的：

| | categories | group_A | group_B |
|---|---|---|---|
| 0 | A | 83 | 95 |
| 1 | B | 78 | 60 |
| 2 | C | 80 | 80 |
| 3 | D | 70 | 70 |
| 4 | E | 28 | 80 |

（1）categories 包含 5 个维度的名称。

（2）group_A 和 group_B 是两个样本。

最后的效果如图 11 - 18 所示。

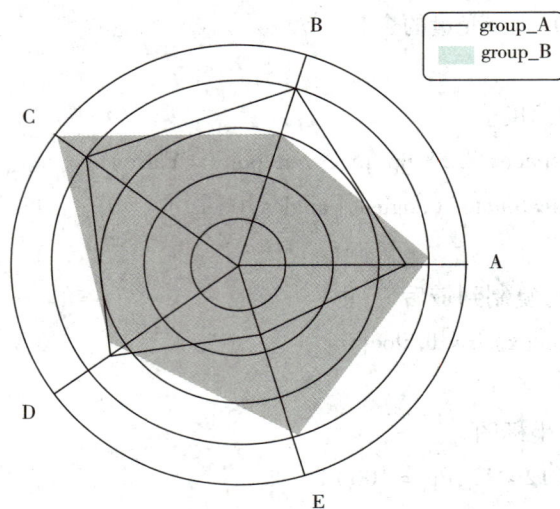

图 11 - 18    多样本雷达图

## 五、散点图

在数据分析中，若要研究两个或两个以上的变量之间的相关关系时，在回归分析与预测中，可以用散点图的方式表达。通常散点图可以用于分析数据线性、多项式趋势情况，也可以用于比较跨类别的聚合数据。绘制散点图时，既可以绘制双变量散点图，也可以绘制多变量散点图矩阵。

**1. 绘制双变量散点图**    若有两个变量，在绘制散点图时，可以用横坐标 x 轴代表变量 x，纵坐标 y 轴代表变量 y，每一组数据（x，y）在坐标系中用一个点表示。绘制散点图时，用函数 scatter，代码如下：

```
1.    plt. scatter(x,y,s,c,marker)
```

在上面的代码当中，x 表示变量 x；y 表示变量 y；s 表示每个点的大小；c 表示每个点的颜色；Marker 表示绘制的点的类型，'o' 表示圈，' + ' 表示加号，' * ' 表示星号，'.' 表示点。

生成 500 个(x，y) 正态分布的随机数。

代码如下：

```
1.          import numpy as np
2.          import matplotlib. pyplot as plt
3.          x = np. random. randn(500)
4.          y = np. random. randn(500)
5.          plt. scatter(x,y,color ='lightblue',marker ='. ')
6.          plt. show( )
```

输出结果如图 11 - 19 所示。

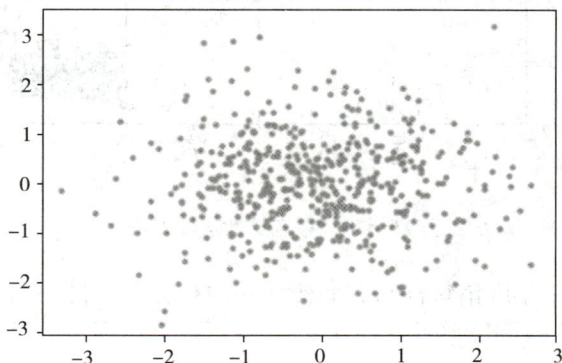

图 11 - 19　散点图

**2. 绘制多变量散点图矩阵**　若想一次性画出多个变量的散点图矩阵，用函数 scatter_matrix，代码如下：

```
1.          pd. plotting. scatter_matrix( DataFrame,color,marker)
```

生成四列 a、b、c、d 散点图矩阵，取 500 个（x，y）正态分布的随机数。代码如下：

```
1.          import numpy as np
2.          import pandas as pd
3.          import matplotlib. pyplot as plt
4.          plt. rcParams['figure. figsize'] = (8 ,8)
5.          data = pd. DataFrame( np. random. randint(1 ,100 ,size = (100 ,4) ) ,columns = ['a','b','c
            ','d'])
6.          pd. plotting. scatter_matrix(data)
7.          x = np. random. randn(500)
8.          y = np. random. randn(500)
9.          plt. scatter(x,y,color ='lightblue',marker ='. ')
10.         plt. show( )
11.
```

输出结果如图 11 -20 所示。

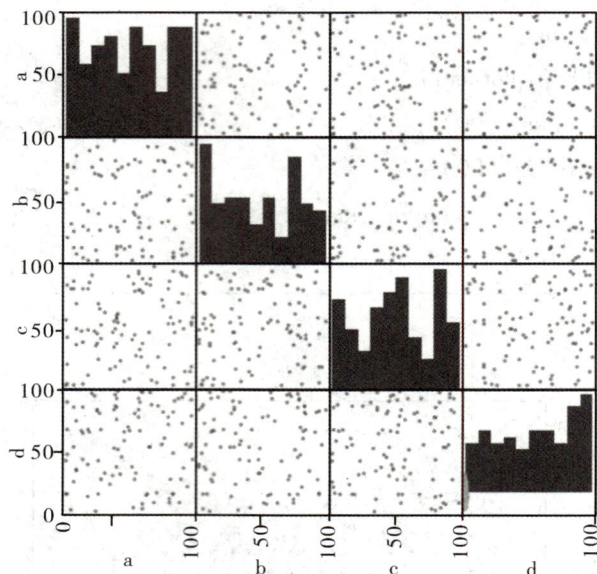

图 11 −20　多变量散点图矩阵

用散点图表示某药企 2022 年度销售额与利润额之间的相关性。代码如下：

```
1.      #导入模块
2.      import pandas as pd
3.      import matplotlib. pyplot as plt
4.      #从指定工作簿中获取数据
5.      df = pd. read_excel('年度销售情况 . xlsx')
6.      figure = plt. figure( )
7.      plt. rcParams['font. sans – serif'] = ['SimHei']
8.      plt. rcParams['axes. unicode_minus'] = False
9.      #指定'月份'列为 X 轴'销售额'列为 Y 轴
10.     x = df['销售额(百万)']
11.     y = df['利润额(百万)']
12.     #制作散点图
13.     plt. scatter(x, y, s = 500, color = 'lightblue', marker ='. ')
14.     #添加并设置图表标题、X 轴标题、Y 轴标题
15.     plt. title(label = '2022 年度销售与利润关系图', fontdict = {'family' : 'KaiTi',
16.     'color' : 'black', 'size' : 25}, loc = 'left')
17.     plt. xlabel(' 销售额(百万)', fontdict = {'family' : 'SimSun', 'color' : 'black',
18.     'size' : 20}, labelpad = 20)
19.     plt. ylabel('利润额(百万)', fontdict = {'family' : 'SimSun', 'color' : 'black',
20.     'size' : 20}, labelpad = 20)
21.     plt. show( )
```

输出结果如图 11 - 21 所示。

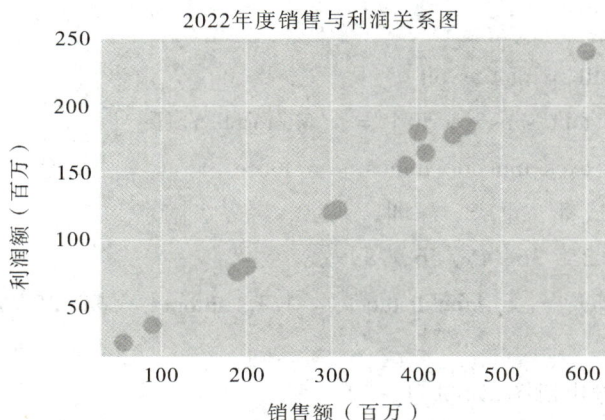

图 11 - 21 销售和利润散点图

## 六、饼图

饼图可以显示一个数据序列中各项大小与各项总和的比例，每个数据序列具有唯一的颜色，并且与图例中的颜色是对应的。饼图以不同扇形显示各个组成部分在整体中所占的比例。

**1. 绘制饼图**　饼图主要用于展示比例和份额之类的数据，绘制饼图时，用函数 pie，代码如下：

```
1.    plt. pie( x, colors, explode, labels, autopct, radius)
2.    plt. axis("equal")  # 表示绘制的是正圆
```

在上面的代码当中，
（1）x 表示每份扇形的数据。
（2）colors 表示每份扇形的颜色。
（3）explode 表示每份扇形边缘偏离半径的百分比，常用于绘制分裂饼图。
（4）labels 表示每份扇形的标签。
（5）autopct 表示数值百分比的样式。
（6）radius 表示饼图的半径。

**2. 设置饼图文本**　绘制饼图后，可为饼图内部和外部文本设置相应的颜色和大小，代码如下：

```
1.    patches, text1, text2 = plt. pie( )
2.    for i in text1:
3.        i. set_size( )
4.            i. set_color( )
5.    for i in text2:
6.        i. set_size( )
7.            i. set_color( )
```

在上面的代码当中，patches 表示饼图的返回值，text1 表示饼图外部文本，text2 表示饼图内部文本。
某药企在上海、成都、重庆、深圳、北京、青岛、南京等地都有分公司，其 2023 年第一季度销售额情况分别为 10，45，25，36，45，56，78，单位为万元，用饼图展示不同分公司销售占比情况。代码如下：

```
1.    import matplotlib. pyplot as plt
2.    plt. rcParams['font. sans - serif'] = ['Microsoft YaHei']
3.    plt. rcParams['axes. unicode_minus'] = False
4.    x = ['上海', '成都', '重庆', '深圳', '北京', '青岛', '南京']
5.    y = [10, 45, 25, 36, 45, 56, 78]
6.    plt. pie(y, labels = x, labeldistance = 1.1, autopct = '%. 2f%%', pctdistance
7.    = 1.5)
8.    plt. show()#输出饼图,如图 11 - 22
9.    plt. pie(y, labels = x, labeldistance = 1.1, autopct = '%. 2f%%', pctdistance
10.   = 1.5, explode = [0,0,0,0,0,0.15,0], startangle = 90, counterclock =
11.   False)#explode 用于调节扇形离开饼图的距离
12.   plt. show()#输出饼图,如图 11 - 22
```

输出结果如图 11 - 22 所示。

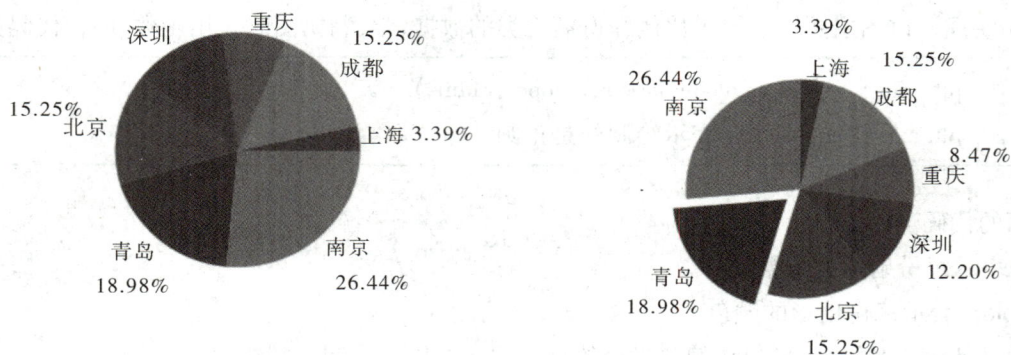

图 11 - 22　饼图

## 动手练

1. 根据 Excel 文件：《财富》500 强企业的利润和市值数据 . xlsx 中的数据选择适当的方式展示市值与利润之间存的关系。

示例代码如下：

```
1.    #导入模块
2.    import pandas as pd
3.    import matplotlib. pyplot as plt
4.    #从指定工作簿中获取数据
```

```
5.        df = pd. read_excel('《财富》500 强企业利润和市值数据. xlsx')
6.        figure = plt. figure()
7.        plt. rcParams['font. sans - serif'] = ['SimHei']
8.        plt. rcParams['axes. unicode_minus'] = False
9.        #指定'月份'列为 X 轴'销售额'列为 Y 轴'
10.       x = df['利润(百万美元)']
11.       y = df['市值(百万美元)']
12.       #制作散点图
13.       plt. scatter(x, y, s = 500, color = 'lightblue', marker = '. ')
14.       #添加并设置图表标题、X 轴标题、Y 轴标题
15.       plt. title(label = '500 强企业销售与利润关系图', fontdict = {'family': 'KaiTi',
16.       'color': 'black', 'size': 25}, loc = 'left')
17.       plt. xlabel('利润', fontdict = {'family': 'SimSun', 'color': 'black', 'size':
18.       20}, labelpad = 20)
19.       plt. ylabel('市值', fontdict = {'family': 'SimSun', 'color': 'black', 'size':
20.       20}, labelpad = 20)
21.       plt. show()
```

输出结果如图 11 - 23 所示。销售利润与市值基本呈现正相关关系。

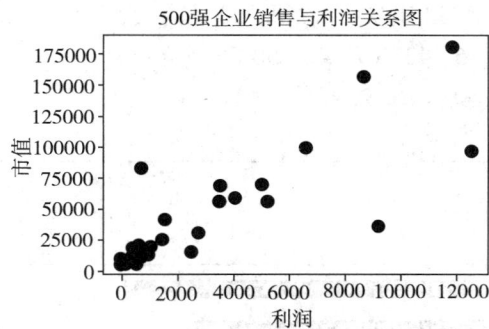

图 11 - 23  销售利润与市值

2. 某药企在上海、成都、重庆、深圳、北京、长沙、南京和青岛等地区医药代表数量分布为 60、45、49、36、42、67、40、50 人。用柱状图或条形图展示该药企在各个地区医药代表分布情况。对比医药代表人数最少和最多的两个城市一月份销售情况。(一月销售统计表. xlsx)

示例代码 1 如下:

```
1.        import matplotlib. pyplot as plt
2.        plt. rcParams['font. sans - serif'] = ['Microsoft YaHei']
3.        plt. rcParams['axes. unicode_minus'] = False
4.        x = ['上海', '成都', '重庆', '深圳', '北京', '长沙', '南京', '青岛']
5.        y = [60, 45, 49, 36, 42, 67, 40, 50]
6.        plt. bar(x, y, width = 0. 5, color = 'r')
7.        plt. show()
```

输出结果如图 11 – 24 示。

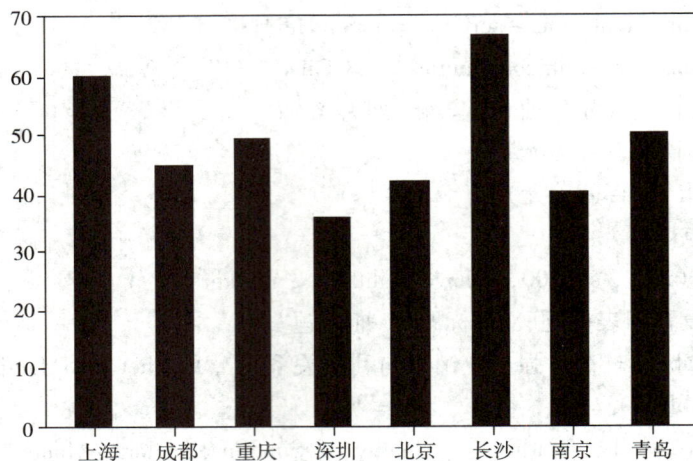

**图 11 – 24　医药代表分布情况**

示例代码 2 如下：

```
1.    import matplotlib. pyplot as plt
2.    plt. rcParams['font. sans – serif'] = ['Microsoft YaHei']
3.    plt. rcParams['axes. unicode_minus'] = False
4.    x = ['上海', '成都', '重庆', '深圳', '北京', '长沙', '南京', '青岛']
5.    y = [60, 45, 49, 36, 42, 67, 40, 50]
6.    plt. barh(x, y, height = 0. 5, color = 'r')
7.    plt. show()
```

输出结果如图 11 – 25 所示。

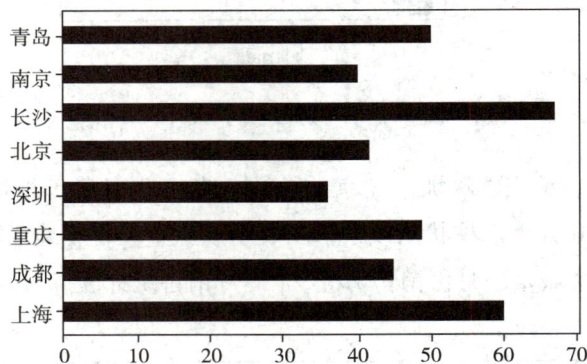

**图 11 – 25　条形图**

示例代码 3 如下：

```
1.    #导入可视化分析相关的库
2.    import matplotlib. pyplot as plt
3.    import pandas as pd
4.    #正常显示中文标签和负号
```

```
5.     plt. rcParams[' font. sans - serif '] = [' SimHei ']
6.     plt. rcParams[' axes. unicode_minus '] = False
7.     #从指定工作簿中获取数据
8.     df = pd. read_excel('1 月销售统计表. xlsx ')
9.     figure = plt. figure( )
10.    #数据设置
11.    x = df[' 日期 ']
12.    y1 = df[' 长沙 ']
13.    y2 = df[' 南京 ']
14.    #设置输出的图片大小
15.    fig = 20,8
16.    figure, ax = plt. subplots( figsize = fig)
17.    #同张图上两条折线
18.    A, = plt. plot( x, y1 ,' r ', label = ' 长沙销售额 ', linewidth = 5. 0)
19.    B, = plt. plot( x, y2 ,' b ', label = ' 南京销售额 ', linewidth = 5. 0)
20.    #设置坐标刻度
21.    plt. tick_params( labelsize = 15)
22.    labels = ax. get_xticklabels( ) + ax. get_yticklabels( )
23.    [ label. set_fontname(' SimHei ')for label in labels]
24.    #设置图例及字体格式
25.    font1 = {' family ':' SimHei ',' weight ':' normal ',' size ':15}
26.    legend = plt. legend( handles = [ A, B], prop = font1)
27.    #设置坐标的名称及字体格式
28.    font2 = {' family ':' SimHei ',' weight ':' normal ',' size ':20}
29.    plt. xlabel(' 时间 ', font2)
30.    plt. ylabel (' 销售额 ', font2)
31.    plt. show( ) # 输出图形
```

输出结果如图 11 - 26 所示。

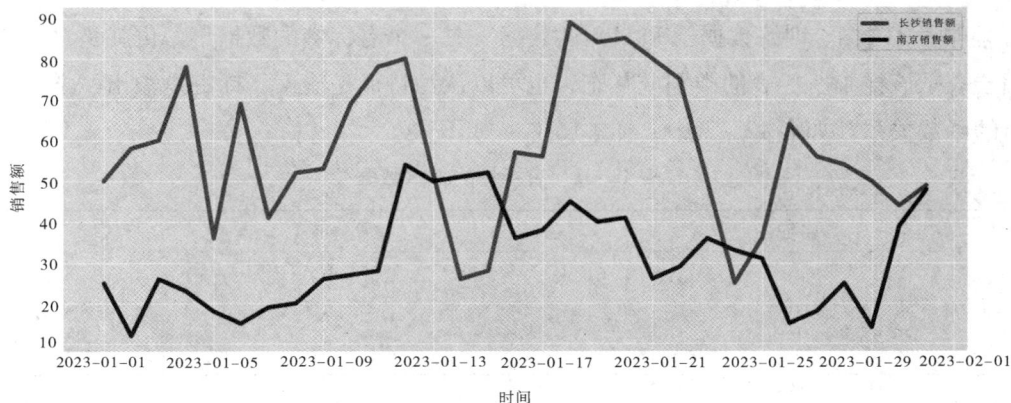

图 11 - 26　销售情况对比

# 项目十二　机器学习

## 学习目标

**职业能力目标**

了解机器学习的基础知识和算法，包括监督学习、无监督学习等。

能够使用 Scikit – learn 完成线性回归、决策树、层次聚类等操作。

**典型工作任务**

要想面对杂乱无章的数据中发现有用的模式，数据分析人员需要了解一些和机器学习有关的一些知识，了解分类、回归、聚类等基本算法的应用场景。

## 任务一　使用 Scikit – learn 完成部分机器学习任务

### 一、什么是机器学习

在数据分析编程中，有时需要在现有的数据样本中发现隐藏的模式，用于预测未来的状况、辅助决策，这时就需要用到机器学习。

机器学习是人工智能的分支，统计机器学习、深度学习都属于机器学习的范畴。机器学习的目标是根据历史数据（也被称为经验）训练得到模型，然后用模型预测未来、辅助决策。从经验数据获得模型的过程就像是"机器在学习"。

在机器学习过程中通常会将数据分为"训练数据"和"测试数据"，从"训练数据"中学习并生成模型，然后利用测试数据评估模型准确性和性能。

从学习的方式看，机器学习可以分为监督学习、无监督学习和强化学习。

（1）在监督学习中，"训练数据"和"测试数据"是一个有标签的数据集。也就是每个样本都有一个标签，用于表示该样本所代表的类别或状态，也可以认为特征是输入，标签是输出，学习获得的模型输入和输出的函数关系。如表 12 –1 中，样本属于 A 或 B 类。

表 12 –1　有标签的样本数据

| 特征 1 | 特征 2 | 特征 3 | 特征 4 | 标签 |
|--------|--------|--------|--------|------|
| $f_{11}$ | $f_{12}$ | $f_{13}$ | $f_{14}$ | A |
| $f_{21}$ | $f_{22}$ | $f_{23}$ | $f_{24}$ | B |
| … | … | … | … | … |

算法通过学习这些样本并获得模型，然后用模型预测新样本的标签。根据标签数据类型的不同，可以分为分类和回归问题，分类问题的标签通常是离散的数值，例如：疾病数据集中判定为某种疾病；广告促销数据中标记为购买和不购买；天气数据集中阴、晴、雨的判定。而回归问题的标签通常是实数，

例如气温、销售额等。

（2）无监督学习的训练数据是没有标签的，算法通过学习样本之间的相似性构建模型。所谓"无监督"体现在样本归于哪一类是没有指导意见（标签）的。无监督学习也有很多应用，例如在市场营销中对客户数据进行分组分析，在医学中对病例数据进行分析以发现疾病的模式和结构。用于无监督学习的数据集如表 12 – 2。

表 12 – 2　无标签的样本数据

| 特征 1 | 特征 2 | 特征 3 | 特征 4 | 特征 5 |
| --- | --- | --- | --- | --- |
| $f_{11}$ | $f_{12}$ | $f_{13}$ | $f_{14}$ | $f_{15}$ |
| $f_{21}$ | $f_{22}$ | $f_{23}$ | $f_{24}$ | $f_{25}$ |
| … | … | … | … | … |

（3）强化学习是通过与环境进行交互来学习行为的方式，在学习的过程中获得环境给予的奖励和惩罚来修正模型，奖励和惩罚可以认为是时间迟延的监督信息。强化学习的过程是一个不断试错的过程，强化学习的应用于机器人控制、游戏玩法和自然语言处理等领域。

机器学习的常见算法如下。

**1. 分类算法**　用于将数据分为不同的类别。例如，决策树、支持向量机、朴素贝叶斯等，用于分类问题，例如分类垃圾邮件、分类图像中的物体等。

**2. 聚类算法**　用于将数据分为不同的组或"簇"。例如，K 均值聚类、层次聚类、DBSCAN 聚类等都是常见的聚类算法，它们可以用于聚类问题，例如将客户分为高价值客户和低价值客户，或将文本分为不同的主题等。

**3. 回归算法**　用于确定数据的关系或模式。例如，线性回归、决策树回归、随机森林回归等都是常见的回归算法，它们可以用于预测问题，例如预测销售额、预测房价等。

**4. 关联规则挖掘算法**　用于发现数据之间的关系或模式。例如，Apriori 算法、FP – Growth 算法等都是常见的关联规则挖掘算法，它们可以用于发现购买商品之间的关系，或预测销售额等。

## 二、机器学习模型的训练过程

机器学习模型的建立涉及数据的质量、算法设计、模型选择和改进的策略等问题，这些问题具有普遍性，体现在机器学习模型的训练过程中。一个模型的训练过程包括下面的步骤。

（1）**数据预处理**　在使用机器学习算法之前，需要对数据进行预处理。通常包括数据清洗、特征提取、数据转换等步骤。

（2）**模型训练**　在经过数据预处理之后，需要使用某种机器学习算法来训练一个模型。这个过程通常包括确定模型的参数、选择合适的损失函数和优化算法等步骤。

（3）**模型评估**　在模型训练完成之后，对模型进行评估，以确定它的性能和准确性。这通常包括使用测试数据来测试模型的表现，评估实际应用的能力。

（4）**模型调整**　模型训练和评估的过程是一个持续迭代和改进的过程。在模型表现不佳时，需要对模型进行调整和优化，以提高它的性能和准确性。

（5）**模型应用**　将训练好的模型应用到实际问题中，用于辅助决策。

## 三、线性回归

一个地区的气温和用电量相关，父母的身高和子女的身高相关。变量之间的相关关系，可能有正相关、负相关和不相关（图 12 - 1）。

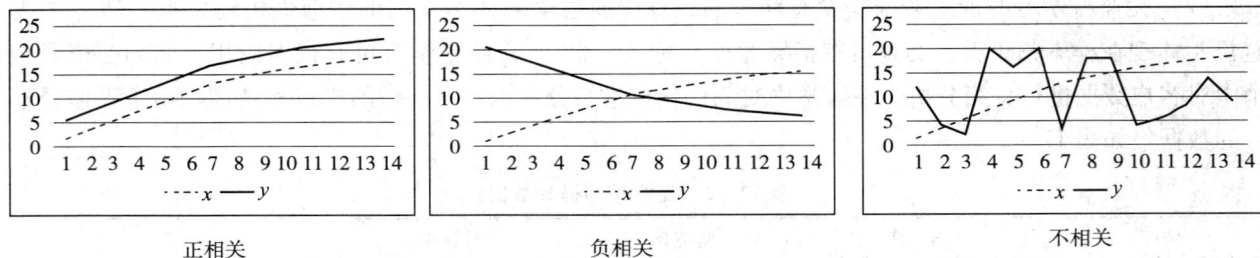

正相关        负相关        不相关

图 12 - 1   变量的相关性

线性关系就是变量之间是一次函数的关系，如变量 $x$ 和 $y$ 之间的函数关系是：$y = ax + b$，其中 $a$ 和 $b$ 是常量，$x$ 和 $y$ 就是线性关系，如果 $x$ 和 $y$ 之间的函数关系是：$y = ax^2 + b$，$x$ 和 $y$ 之间就不是线性关系。

如果是多个自变量和因变量，线性关系应该类似这样：$y = \theta_n x_n + \theta_{n-1} x_{n-1} + \cdots + \theta_0$，其中 $\theta_i$ 是常量，而不能是这样 $y = \theta_n x_{n^2} + \cdots + \theta_0$，或者是这样 $y = \theta_n x_n x_{n-1} + \cdots + \theta_0$。

线性回归是一种监督学习算法，该算法可以在训练样本集中找到自变量（特征）和因变量（结果）的最佳线性方程（模型）。当特征只有一个时，被称为单变量线性回归，特征有多个时，被称为多元线性回归。单变量线性回归算法获得的模型是一条直线，表示因变量和自变量之间的关系。如图 12 - 2 所示，点是样本数据，线是线性回归算法获得的模型。

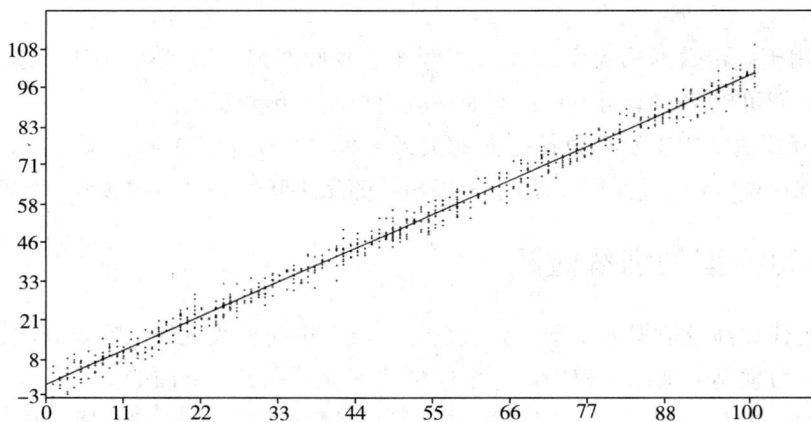

图 12 - 2   单变量线性回归

当然不是任何数据集都是可以发现线性模型，它需要满足一些条件才能成为准确可靠的解决方案。

（1）线性   自变量和因变量之间存在线性关系。图 12 - 2 中的自变量和因变量确实存在线性关系。

（2）独立性   数据集中的样本是彼此独立，不会出现某些样本的因变量依赖另一些样本的因变量。一般来说，对某个或某群对象随时间推移不断收集数据就会出这个问题，某个对象的历史数据值会影响现在的值。

（3）同方差性   在自变量的所有取值上，因变量误差的方差是一致的。这表明自变量的数量对误差的方差没有影响。图 12 - 3 中随着 $x$ 的增大，模型因变量预测值误差（方差）在变大。这就不符合了同方差性。

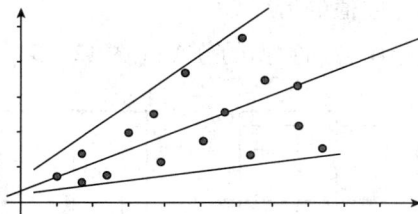

图 12-3 不符合同方差性

（4）正态性 模型的误差呈正态分布，图 12-4 的模型误差不是正态分布的，明显偏向一边。

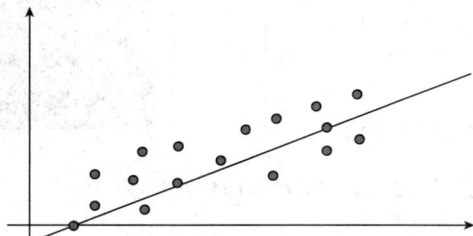

图 12-4 误差不是正态分布

（5）无多重共线性 自变量之间不是高度相关的，事实上如果两个自变量高度相关，在模型中只需要保留一个自变量就行了。

现在来体验使用线性回归算法的完整的过程。

**1. 读入和探查数据**

```
1.    In[1]: import numpy as np
2.      ...: import pandas as pd
3.      ...: import matplotlib. pyplot as plt
4.      ...:
5.      ...: df = pd. read_csv("linear_train. csv")
6.
7.    In[2]: df. describe()
8.    Out[2]:
9.                     x              y
10.   count    700.000000    699.000000
11.   mean      54.985939     49.939869
12.   std      134.681703     29.109217
13.   min        0.000000     -3.839981
14.   25%       25.000000     24.929968
15.   50%       49.000000     48.973020
16.   75%       75.000000     74.929911
17.   max     3530.157369    108.871618
18.
19.   In[3]: df. hist(bins = 50, figsize = (16,9))
```

通过 describe() 函数可以大致了解数据集：样本数、最大、最小、四分位数、均值、标准差等情况。x 有 700 个，y 是 699 个，显然有空值的情况。

通过 hist( ) 函数可以了解数据集中各列数据的分布（图 12 – 5）。

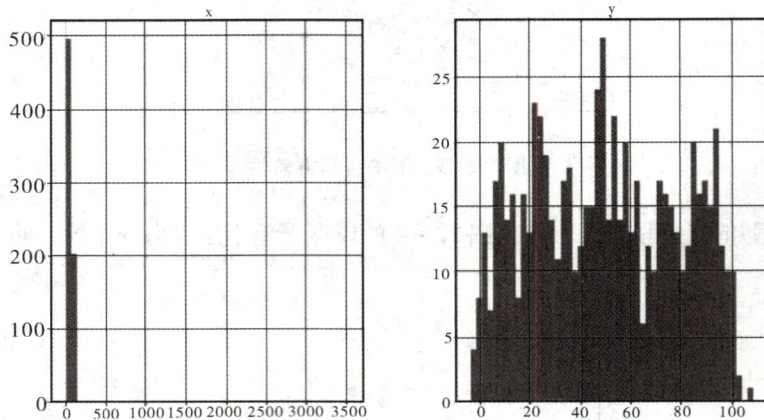

图 12 – 5　柱状图描述数据分布

可以看出 x 的最大值 3530. 157369 其实是个离群值。

使用逻辑切片探查离群值样本的数据，发现这个样本的 y 值是缺失的。

```
1.        In[7]: df[ df. x > = 3530. 15]
2.        Out[7]:
3.                        x          y
4.        213    3530. 157369    NaN
```

**2. 对数据进行预处理**　这里只需要删除有缺失值数据的样本就行，离群值也会同时被删除。

```
1.        In[8]: df = df. dropna( )
```

**3. 模型训练**　先把数据分割成测试集和训练集：

```
1.        In[9]: from sklearn. model_selection import train_test_split
2.            ...:
3.            ...: # 算法需要数据是一维的
4.            ...: X = df. x. values. reshape( – 1,1)
5.            ...: Y = df. y. values. reshape( – 1,1)
6.            ...:
7.            ...: # 数据分割成训练集和测试集,用 model_selection 的 train_test_split
8.            ...: X_train,X_test,y_train,y_test =
          train_test_split( X,Y,test_size = 0. 25,random_state = 33)
```

然后用线性回归算法训练（fit），得到模型。

```
1.    In[10]：# 用训练集数据训练
2.      ...：from sklearn. linear_model import LinearRegression
3.      ...：lr = LinearRegression( )
4.      ...：lr. fit( x_train,y_train)
5.    Out[10]：LinearRegression( )
```

通过模型可以得到预测值：

```
1.    In[12]：# 构建 Dataframe,汇总测试集数据和模型的预测数据
2.      ...：test_df = pd. DataFrame( np. hstack( ( x_test,y_test) ),columns = ( 'x ','y ') )
3.      ...：lr_y_predict = lr. predict( x_test)
4.      ...：test_df[ 'p_y '] = lr_y_predict
```

**4. 模型评估**　　R 方（R – squared）是评估模型拟合程度的指标，越接近 1，拟合程度越高，显然 0.9894 是相当高的拟合程度，说明得到的模型是比较好的。均方误差（MSE）可以用于评估不同算法得到的模型的好坏。

```
1.    In[19]：  #使用 LinearRegression 模型自带的评估模块,评估结果其实就是 R – squared
2.      ...：print(' the value of default measurement of LR：
3.    ',lr. score( x_test,y_test) )
4.      ...：
5.      ...：# 也可以用 sklearn. metrics
6.      ...：from sklearn. metrics import r2_score,mean_squared_error
      ...：print(' the value of R – squared of LR
7.    is ',r2_score( y_test,lr_y_predict) )
8.      ...：
9.      ...：#可以使用标准化器中的 inverse_transform 函数还原转换前的真实值
10.     ...：print(' the MSE of LR is ',mean_squared_error( y_test,lr_y_predict) )
11.   the value of default measurement of LR:0. 9894037659400681
12.   the value of R – squared of LR is 0. 9894037659400681
13.   the MSE of LRis 9. 122193552008309
```

**5. 模型的可视化**

```
1.    In[20]：# 测试集数据排序,用于可视化输出
2.      ...：test_df = test_df. sort_values( by = "x" )
3.      ...：
4.      ...：plt. figure( figsize = ( 12,6) , dpi =80)
5.      ...：
6.      ...：plt. xlim( test_df. x. min( ) ∗ 1. 1, test_df. x. max( ) ∗ 1. 1)
```

```
7.        ...: plt. ylim(test_df. y. min( ) * 1. 1, test_df. y. max( ) * 1. 1)
8.        ...:
9.        ...: plt. xticks(np. linspace(test_df. x. min( ),
         test_df. x. max( ),10). astype('int'),rotation = 0)
10.       ...: plt. yticks(np. linspace(test_df. y. min( ),
         test_df. y. max( ),10). astype('int'))
11.       ...:
12.       ...: plt. scatter(test_df. x, test_df. y, s = 1)
13.       ...:
14.       ...: plt. plot(test_df. x, test_df. p_y, color = 'red',linewidth = 1)
15.       ...:
16.       ...: plt. show( )
```

得到的结果如图 12 - 6 所示，模型在测试集上很好地拟合了样本。

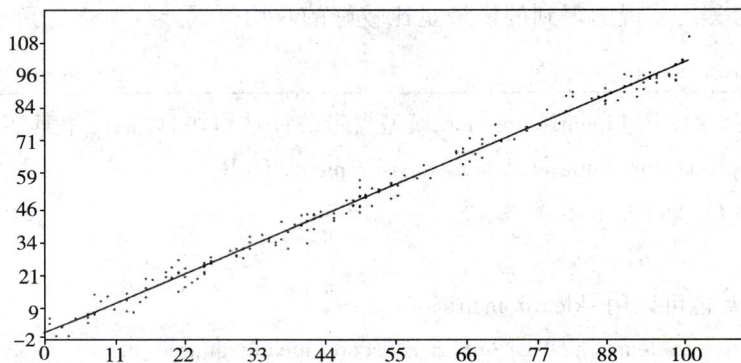

图 12 - 6　线性模型对样本的拟合

## 四、决策树

决策树是监督学习算法，可以用于分类和回归任务。决策树算法从训练数据中获得的模型是一棵树，树由根节点、内部节点、叶节点和分支组成。

例如有一个样本数据（表 12 - 3）。

表 12 - 3　天气和户外活动关系的样本数据

| | 天气 | 温度 | 湿度 | 适合户外活动 |
|---|---|---|---|---|
| 1 | 晴 | 高 | 高 | 否 |
| 2 | 晴 | 高 | 正常 | 否 |
| 3 | 晴 | 暖 | 正常 | 是 |
| 4 | 阴 | 暖 | 高 | 是 |
| 5 | 阴 | 高 | 高 | 否 |
| 6 | 阴 | 高 | 正常 | 是 |
| 7 | 雨 | 暖 | 高 | 否 |
| 8 | 雨 | 暖 | 正常 | 否 |
| 9 | 雨 | 凉 | 正常 | 否 |

可以得到一个决策树，从根节点到叶子节点的路径就是一条分类规则（图 12 – 7）。

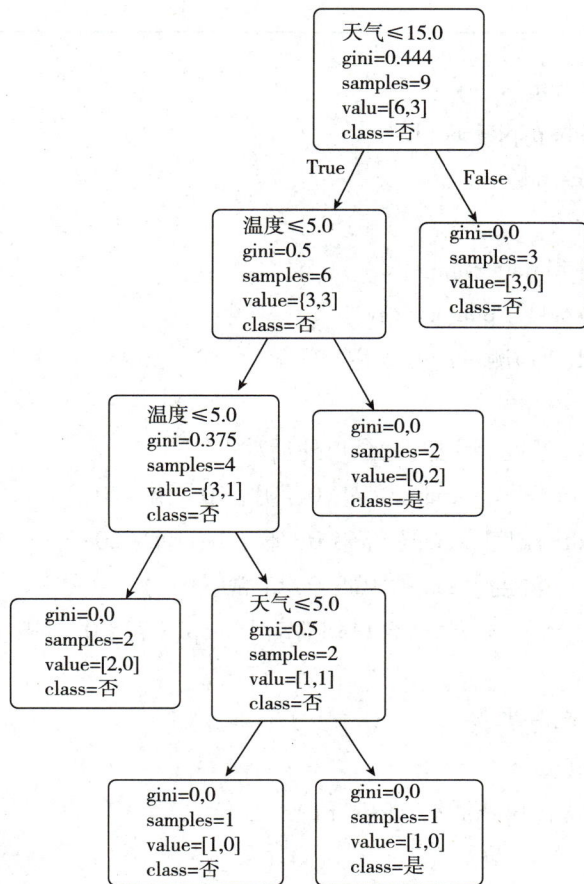

图 12 – 7　决策树的可视化结果

这棵树共有 5 个叶子节点，所以有 5 条分类规则。

1）If 天气雨 Then 不适合。

2）If 天气晴、阴 And 温度 不高 Then 适合。

3）If 天气晴、阴 And 温度 高 And 湿度 高 Then 不适合。

4）If 天气晴 And 温度 高 And 湿度 正常 Then 不适合。

5）If 天气阴 And 温度 高 And 湿度 正常 Then 适合。

之所以看到节点中出现"天气≤15.0"这样的描述，是因为 Scikit – Learn 的算法要求输入的数据是数值类型的，但是实际数据是"阴、晴、雨"这样的离散的文字类型，所以需要做一个映射，如下面的代码中"晴"映射成 0，"阴"映射成 10，"雨"映射成 20，映射的数值其实是没有大小关系的，但是算法会认为有，所以在生成的结果中，会用"天气≤15.0"表示"非雨"。

```
1.        df['天气'] = df['天气'].map({'晴': 0, '阴': 10, '雨': 20})
2.        df['温度'] = df['温度'].map({'高': 0, '暖': 10, '凉': 20})
3.        df['湿度'] = df['湿度'].map({'高': 0, '正常': 10})
4.        df['适合户外活动'] = df['适合户外活动'].map({'否': 0, '是': 10})
```

完整的代码如下，运行代码需要 graphviz 模块，安装该模块的方法是：conda install python – graphviz 或者 pip install graphviz。

```
1.    # – * – coding: utf – 8 – * –
2.    import matplotlib. pyplot as plt
3.    import pandas as pd
4.
5.    #读取 csv 文件到 dataframe
6.    df = pd. read_csv('. /outdoor. csv')
7.    #print(df. head())#测试的时候用
8.
9.    df = df[['天气','温度','湿度','适合户外活动']]
10.   df['天气'] = df['天气']. map({'晴': 0, '阴': 10, '雨': 20})
11.   df['温度'] = df['温度']. map({'高': 0, '暖': 10, '凉': 20})
12.   df['湿度'] = df['湿度']. map({'高': 0, '正常': 10})
13.   df['适合户外活动'] = df['适合户外活动']. map({'否': 0, '是': 10})
14.
15.   #分成事实表,和分类表
16.   df = df. dropna()
17.   X = df. drop('适合户外活动', axis = 1)
18.   Y = df['适合户外活动']
19.
20.   "
21.   #分成训练集和测试集
22.   from sklearn. model_selection import train_test_split
23.   X_train, X_test, y_train, y_test = train_test_split(X, Y, random_state = 1)
24.   "
25.
26.   from sklearn import tree
27.   clf = tree. DecisionTreeClassifier()
28.   #用测试集学习
29.   #model. fit(X_train, y_train)
30.   #用全集学习
31.   clf. fit(X, Y)
32.
33.   import graphviz
34.   dot_data = tree. export_graphviz(clf, out_file = None,
35.                     feature_names = ['天气','温度','湿度'],
36.                     class_names = ['否','是'],
```

| 37. | filled = True，rounded = True， |
| 38. | fontname = 'Microsoft Yahei'，#如果中文，使用这个参数 |
| 39. | special_characters = True) |
| 40. | |
| 41. | graphviz. Source( dot_data). render( format = 'png'，filename = 'outdoor') |
| 42. | graphviz. Source( dot_data). render( format = 'pdf'，filename = 'outdoor') |
| 43. | |

　　训练数据生成一棵什么样的决策树会比较好呢？实践经验是尽可能生成一棵节点数比较少的树。为了实现这个目标，Ross Quinlan 使用信息熵（information entropy）这一概念构建了决策树的算法。

　　信息熵描述了一个事物信息描述角度的不确定程度，信息熵越高则"信息描述"困难程度越高。通过决策树可以看出，在所有的样本都在根节点时，"如何分类"这件事是完全不确定的所以信息熵的值最大，从根节点到叶子节点路径上的每一次判定，都会增加分类的确定性，也就是信息熵减少，到达叶子节点时，分在哪一类是完全确定的，所以信息熵为 0。信息熵计算公式：

$$H = - K \sum_{i=1}^{n} p_i \log p_i$$

其中 $p_i$ 是概率，K 是常量。

　　如果要生成一棵尽可能小的树，就需要将最大程度减少信息熵的判定放在最前面，例如把天气的判定放在其他判定的前面，因为天气判定直接将所有雨天都归为不能户外活动，最大程度减少了信息熵。

　　根节点的信息熵计算是利用样本中分类属性（适合户外活动）中各个分类的占比计算的。

　　一共有 9 个样本，3 个样本是"是"，6 个样本是"否"

　　信息熵的计算：

$$H(户外) = - \left(\frac{3}{9}\right) \log_2 \frac{3}{9} - \left(\frac{6}{9}\right) \log_2 \frac{6}{9} = 0.918295834$$

如果使用天气作为决策，就会分成 3 组：

| 天气 | 温度 | 湿度 | 适合户外活动 |
|---|---|---|---|
| 晴 | 高 | 高 | 否 |
| 晴 | 高 | 正常 | 否 |
| 晴 | 暖 | 正常 | 是 |

| 天气 | 温度 | 湿度 | 适合户外活动 |
|---|---|---|---|
| 阴 | 暖 | 高 | 是 |
| 阴 | 高 | 高 | 否 |
| 阴 | 高 | 正常 | 是 |

| 天气 | 温度 | 湿度 | 适合户外活动 |
|---|---|---|---|
| 雨 | 暖 | 高 | 否 |
| 雨 | 暖 | 正常 | 否 |
| 雨 | 凉 | 正常 | 否 |

1/3 样本，信息熵 0.918295834　　　1/3 样本，信息熵 0.918295834　　　1/3 样本，信息熵为 0

$$H_{天气}(户外) = \left(\frac{1}{3}\right) * 0.918295834 + \left(\frac{1}{3}\right) * 0.918295834 + 0 = 0.612197223$$

天气的信息增益：

$$gain(天气) = H(户外) - H_{天气}(户外) = 0.918295834 - 0.612197223 = 0.306098611$$

　　"天气的信息增益"就是使用天气作为判定可以将信息熵降低的数值。如果选择信息增益大的属性先决策就可能减少树的节点数，因为直观来看，后面的分类更容易了。从算法的运行结果看，天气的信息增益要比温度、湿度的增益来得大，所以决策树的根节点是天气。

　　基尼（gini）是和信息熵类似的概念，同样可以描述信息的混乱程度，只不过计算的方法不同，计算公式是：

$$Gini = 1 - \sum_{i=1}^{n} (p_i)^2$$

前面的户外活动的分类信息熵，如果用基尼方法计算：

$$Gini(\text{户外}) = 1 - \left(\frac{3}{9}\right)^2 - \left(\frac{6}{9}\right)^2 = 0.444444444$$

和信息熵类似，如果描述信息的混乱程度越高，基尼值越高，描述信息完全确定，基尼值为0。所以在决策树算法中采用信息熵（entropy）和采用基尼（gini）结果是一样的。

通过计算可以发现，分类中各种可能性占比越均匀，信息熵越高。例如：A、B分类各1/2，信息熵和基尼值为：

$$H = - \left(\frac{1}{2}\right)\log_2 \frac{1}{2} - \left(\frac{1}{2}\right)\log_2 \frac{1}{2} = 1$$

$$Gini = 1 - \left(\frac{1}{2}\right)^2 - \left(\frac{1}{2}\right)^2 = 0.5$$

比 A、B 分类为 1/3 和 2/3 的要高。显然越是均匀描述清楚就需要更多的信息。分类中各种可能性占比也被称为不纯度（impurity）。

信息熵（entropy）、基尼（gini）、不纯度（impurity）在决策树算法和使用中常常会用到。

决策树同样可以用于回归问题，下面的代码解决了回归问题。

```python
1.    # -*- coding: utf-8 -*-
2.
3.    import numpy as np
4.    from sklearn.tree import DecisionTreeRegressor
5.    import matplotlib.pyplot as plt
6.
7.    X = np.linspace(0, 2 * np.pi, num=20)
8.    y = np.apply_along_axis(lambda i:np.cos(i) + 5, axis=0, arr=X)
9.
10.   y[::2] += np.random.RandomState(1).uniform(-1,1,(len(y[::2]),))
11.
12.   X = X.reshape((-1,1))
13.   y = y.reshape((-1,1))
14.
15.   # 训练模型
16.   regr_1 = DecisionTreeRegressor(max_depth=2)
17.   regr_2 = DecisionTreeRegressor(max_depth=5)
18.   regr_1.fit(X, y)
19.   regr_2.fit(X, y)
20.
21.   # 预测
22.   X_test = X
23.   y_1 = regr_1.predict(X_test)
```

```
24.    y_2 = regr_2. predict( X_test)
25.
26.    # 可视化
27.    plt. rcParams. update( { "font. size" :20} )
28.    #如果中文出现乱码添加下面的代码:
29.    plt. rcParams['font. sans - serif '] = ['SimHei ']   #或者['Microsoft YaHei ']
30.    #显示中文标签时的负号
31.    plt. rcParams[' axes. unicode_minus '] = False
32.
33.    plt. figure( figsize = (16,10) )
34.    plt. scatter( X, y, s =20, edgecolor = "black", c = "black", label = "sample" )
35.    plt. plot( X_test, y_1, color = "green", label = "max_depth =2", linewidth =2)
36.    plt. plot( X_test, y_2, color = "blue", label = "max_depth =5", linewidth =2)
37.    plt. xlabel( "X" )
38.    plt. ylabel( "Y" )
39.    plt. title( "决策树回归" )
40.    plt. legend( loc =' lower left ')
41.    plt. show( )
```

得到的结果如图 12 - 8 所示。

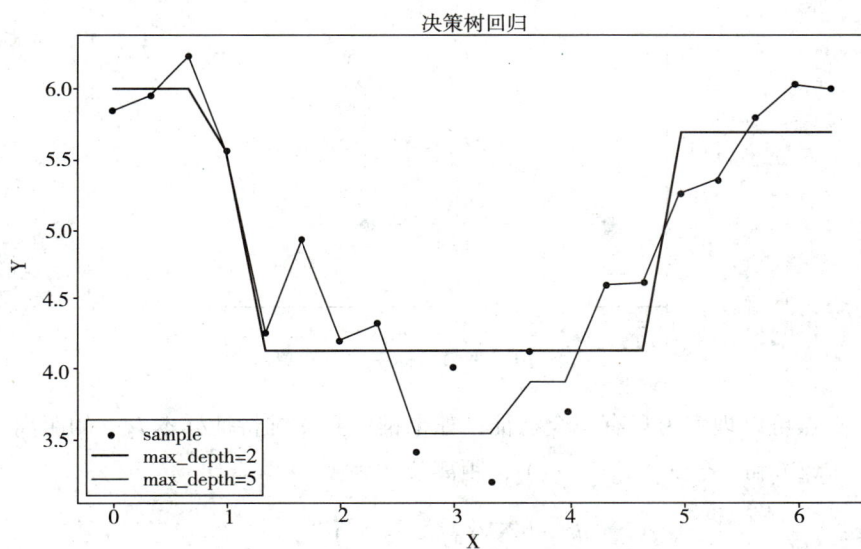

图 12 - 8　用决策树算法做回归分析

　　决策树中，最大深度参数的设置，直接影响了拟合程度。由于在机器学习中，过拟合（over - fitting）和欠拟合（under - fitting）都不能得到好的模型，所以在训练中，可能需要改变参数，以获得更好的模型。

## 五、聚类

聚类属于无监督学习，也就是供学习的样本没有预先的标记来表示这个样本属于哪一类或者输出什么值。例如图 12-9 中聚集在一起的样本点可以分为一组，似乎可以分成 3 组。

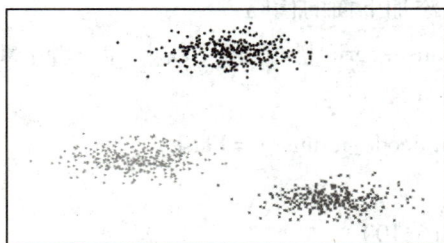

图 12-9 二维空间的聚类

### （一）样本的相似度

聚类要把相似的样本归于一类，就需要度量样本之间的相似程度，聚类算法中，通过距离来衡量两个样本的相似程度，常见的距离如下。

**1. 欧氏距离（Euclidean distance）** 距离可解释为连接两个点的线段的长度。简单的欧式距离公式就是运用勾股定理计算直角坐标系的两个坐标点的之间的长度。如图 12-10 中 A（$x_1$，$y_1$）和 B（$x_2$，$y_2$）的距离的计算公式为：

$$\sqrt[2]{(x_2 - x_1)^2 + (y_2 - y_1)^2}$$

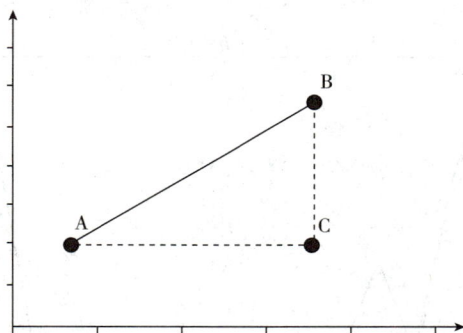

图 12-10 平面坐标中两点距离

平面坐标的样本点可以理解为只有两个特征，如果推广到 $n$ 维特征样本 $i$，$j$ 的距离，如果样本分别表示成（$x_{i1}, x_{i2}, x_{i3}, \cdots x_{in}$）和（$x_{j1}, x_{j2}, x_{j3}, \cdots x_{jn}$），距离公式为：

$$d_{ij} = \left( \sum_{k=1}^{n} (x_{ik} - x_{jk})^2 \right)^{1/2}$$

闵科夫斯基距离（Minkowski distance）是更加一般的表达方式，和欧式距离公式的区别就是指数不同，事实上欧氏距离、曼哈顿距离、切比雪夫距离（Chebyshev distance）都是闵科夫斯基距离的特殊形式。距离公式为：

$$d_{ij} = \left( \sum_{i=1}^{n} |x_i - y_i|^p \right)^{1/p}$$

**2. 曼哈顿距离（Manhattan distance）**　如同城市中两个地点之间的距离，由于有房屋的阻挡，不可能走斜线，平面坐标上的曼哈顿距离，就是城市街区两个点之间的 $x$ 轴上的距离和 $y$ 轴上的距离之和，只能沿着横、竖的街道走（图 12–11）。

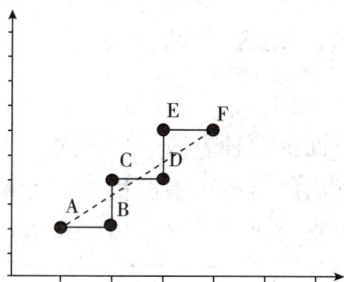

图 12–11　麦哈顿距离

$n$ 维特征的样本 $i$，$j$ 的曼哈顿距离的计算公式为：

$$d_{ij} = \sum_{k=1}^{n} |x_{ik} - x_{jk}|$$

**3. 余弦相似度**　是指两个向量夹角的余弦，余弦相似度忽略了向量的大小对相似度的影响，只关注向量的夹角。余弦相似度的值在 −1 到 1 之间，夹角越小，余弦越接近 1，向量夹角 90° 时余弦为 0。方向相反的向量的余弦相似度为 −1。如图 12–12 所示，两个向量 $v$ 和 $u$ 的夹角决定了相似程度，夹角越小越相似。

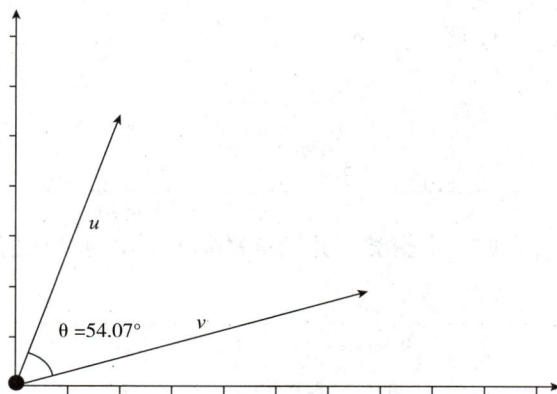

图 12–12　余弦距离

余弦相似度的计算公式为：

$$\cos\theta = \frac{v \cdot u}{|v||u|}$$

就是两个向量 $v$ 和 $u$ 的夹角的余弦。分子是向量 $v$ 和 $u$ 的点积，分母是向量 $v$ 的模和向量 $u$ 的模的积。

这个公式来自点积的公式：

$$v \cdot u = |v||u|\cos\theta$$

如果向量 $v$ 有 $n$ 维（$x_1, x_2, x_3, \cdots x_n$），向量 $u$ 有 $n$ 维（$y_1, y_2, y_3, \cdots y_n$）

$$v \cdot u = \sum_{i=1}^{n} x_i y_i$$

向量 $v$ 的模的计算公式为：

$$|v| = \sqrt[2]{\sum_{i=1}^{n} x_i^2}$$

距离计算是容易受到不同特征量纲的影响，如果 A 特征的取值范围比 B 特征大，例如 A 特征的数据是以千为单位的，A 特征的数据是个位数的。显然 A 特征对距离影响更大，所以需要对数据做归一化处理。

### （二）层次聚类的原理和算法

层次聚类算法分为自上而下和自下而上两种方法。自下而上的算法先将每个样本视为一个聚类，然后根据相似性两两合并一个聚类，合并后的聚类再根据相似性合并，直到所有样本合并成一个包含所有样本的单一聚类。这个层次聚类的过程会形成一个树型的层次关系。

|     | x  |
| --- | --- |
| A   | 12 |
| B   | 13 |
| C   | 3  |
| D   | 1  |
| E   | 20 |

原始数据

|     | A  | B  | C  | D  | E  |
| --- | --- | --- | --- | --- | --- |
| A   | 0  | 1  | 9  | 11 | 8  |
| B   | 1  | 0  | 10 | 12 | 7  |
| C   | 9  | 10 | 0  | 2  | 17 |
| D   | 11 | 12 | 2  | 0  | 19 |
| E   | 8  | 7  | 17 | 19 | 0  |

邻接矩阵

样本 A、B 的距离最近，合并成一个聚类，并计算样本 A、B 的平均值作为新的聚类的特征值，并计算新的邻接矩阵。

|        | x    |
| --- | --- |
| (A, B) | 12.5 |
| C      | 3    |
| D      | 1    |
| E      | 20   |

样本 A、B 合并

|        | (A, B) | C   | D    | E  |
| --- | --- | --- | --- | --- |
| (A, B) | 0      | 9.5 | 11.5 | 7.5 |
| C      | 9.5    | 0   | 2    | 17 |
| D      | 11.5   | 2   | 0    | 19 |
| E      | 7.5    | 17  | 19   | 0  |

邻接矩阵

样本 C、D 的距离最近，合并成一个聚类，并计算样本 C、D 的平均值作为新的聚类的特征值，并计算新的邻接矩阵。

|        | x    |
| --- | --- |
| (A, B) | 12.5 |
| (C, D) | 2    |
| E      | 20   |

|        | (A, B) | (C, D) | E   |     |
| --- | --- | --- | --- | --- |
| (A, B) | 0      | 10.5   | 7.5 |     |
| (C, D) | 10.5   | 0      | 18  |     |
| E      | 7.5    | 18     | 0   |     |

以此类推，形成的层次聚类的树状图（图 12 − 13）。

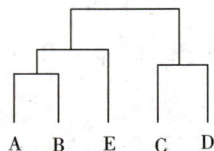

图 12 − 13　层次聚类的树状图

### （三）层次聚类实例

下面用模拟数据演示使用 Scikit − Learn 进行自下而上的层次聚类。

**1. 生成模拟数据**　下面代码第 8 行使用 make_blobs 函数生成用于层次聚类算法的数据，数据有两个特征，就是多维数组 $x$ 的两个列，形成在平面坐标中明显可观察的三个簇。

```
1.      import numpy as np
2.      import matplotlib. pyplot as plt
3.      from sklearn. cluster import AgglomerativeClustering
4.      from sklearn. datasets import make_blobs
5.
6.      x, y = make_blobs( n_samples = 30, centers = None, n_features = 2, random_state = 10)
7.
8.      plt. scatter( x[ :,0], x[ :,1], marker = '. ')
9.
```

数据的可视化呈现的散点图见图 12 – 14。

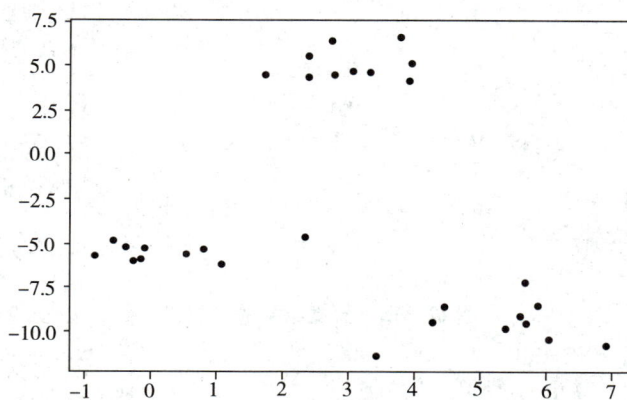

**图 12 – 14　数据的可视化呈现**

**2. 层次聚类算法模型训练**

```
1.      # 模型训练
2.      cluster_model = AgglomerativeClustering( metric = ' euclidean ',
        # "euclidean", "l1", "l2", "manhattan", "cosine", or "precomputed".
                                        linkage = ' complete ',
                                        distance_threshold = 0,
                                        n_clusters = None)
3.      cluster_model. fit( x,y)
```

训练完成后，$y$ 中是样本聚类的标签，标签的数值是 0，1，2，表示每个样本必属于三个簇中的一个。

**3. 可视化**　这一步不是必需的，目的是可视化展示每个样本的标签。

```
1.      plt. figure( figsize = ( 9,6) )
2.
3.      plt. xlim( [ – 3, 9] )
```

```
4.        plt. ylim([ -13, 8])
5.
6.        c = plt. cm. Spectral(np. arange(max(y)))
7.        # 遍历所有数据点,多维数组的 shape[0]是行数
8.        for i in range(x. shape[0]):
9.            plt. text(x[i,0], x[i,1], str(y[i]))
10.       plt. axis('off')
```

得到的结果如图 12 - 15 所示。

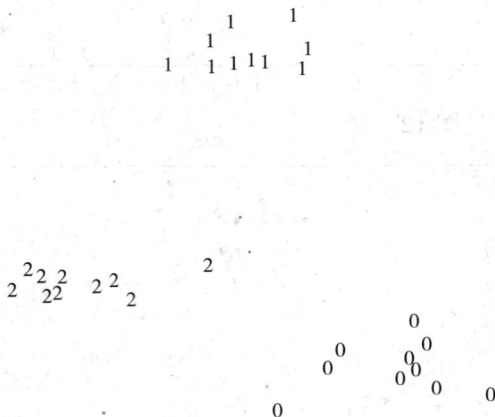

图 12 -15    聚类结果的可视化

### 4. 查看层次聚类树

```
1.        from scipy. cluster. hierarchy import dendrogram, linkage
2.
3.        plt. figure(figsize = (15,6))
4.
5.        #create linkage matrix
6.        link_matrix = linkage(x,method ='complete')
7.        dendrogram = dendrogram(link_matrix)
8.
9.        plt. show()
```

可以看到层次聚类的过程(图 12 - 16)。

Scikit - learn 的层次聚类算法函数 AgglomerativeClustering 的主要参数如下。

(1)metric   距离和相似性的指标,可以选择使用欧式距离"euclidean",范数"l1"和"l2",曼哈顿距离"manhattan",余弦距离"cosine",或者自定义"precomputed" 这时在 fit 函数中需要输入距离矩阵。

(2)linkage   两个簇合并连接时的距离选择策略,任意两个簇是否合并是以距离是否最短为前提

的，这个选项就是规定使用距离的策略，有下面的选项。

'single'：就是用两个簇中距离最小的样本的距离作为两个簇的距离，这个方法容易受到异常值的影响（图12-17）。

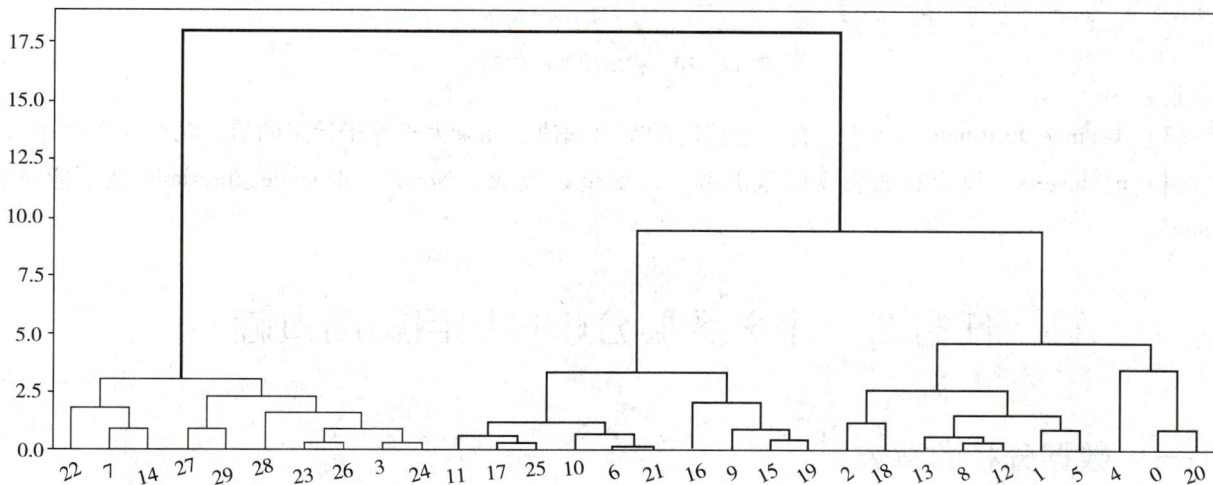

图 12-16　层次聚类的过程

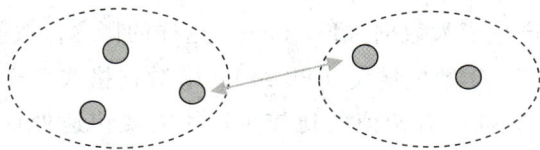

图 12-17　距离最小的样本

'complete'：就是用两个簇中距离最大的样本的距离作为两个簇的距离，这个方法也容易受到异常值的影响（图12-18）。

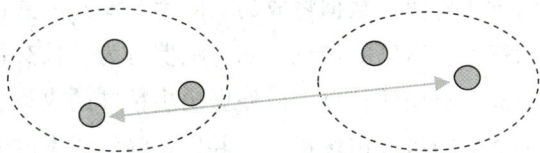

图 12-18　距离最大的样本

'average'：就是计算两个簇中所有样本的距离，计算平均值，作为两个簇的距离，这个方法排除了异常值的影响（图12-19）。

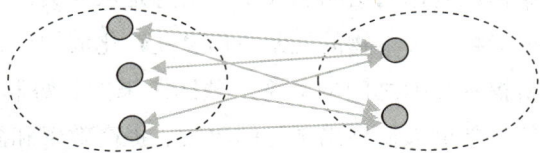

图 12-19　平均样本距离

'ward'：两个簇的距离通过下面的方式计算：①先计算两个簇的所有样本的质心；②计算所有样本和质心距离的平方和。显然这个策略也不会受到异常值的影响。当使用这个选项时，如图12-20所示。

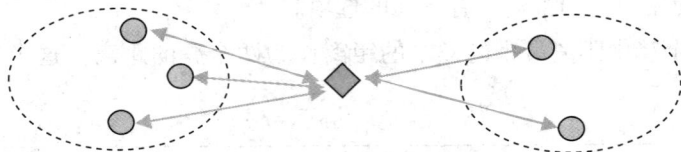

图 12 – 20　样本和质心的距离

（3）distance_threshold　两个簇合并连接时的距离阈值，如果大于等于设定的值，两个簇布合并。

（4）n_clusters　设定算法发现的簇的数量，如果设置成 'None'，distance_threshold 就不能设为 'None'。

# 任务二　定义数据分析项目目标和过程

## 一、数据分析的背景

随着用户主导内容生产的互联网模式 Web2.0 成为主流；社交媒体应用程序，例如：微信、抖音等的广泛使用；移动通讯设备、可穿戴设备、带有传感器的嵌入式系统无处不在，当今社会产生数据的速度是古人难以比拟的，以至于产生了大数据（Big Data）这样的概念，按照普遍接受的大数据 4V 特征的说法，大数据具有这样的特征：①数据量大（PB 级）；②数据格式多样，例如日志、图片、视频等；③数据的价值密度低，大量的数据中有价值的比较少；④需要快速处理，处理时间长了就价值就递减了。

与此同时，数据处理的信息技术也在突飞猛进，有了云计算以及专用于大数据处理的 Hadoop、Spark、阿里的 MaxComputer 等成熟的信息系统。这些技术解决了大数据的存储和高速处理的问题，有助于人们从低价值密度的大数据中快速发现有用的信息。

现在人们已经认识到数据的重要价值，数据将成为新的生产要素。数据的重要价值来源从数据中发现隐藏在数据背后，能对未来的行为有帮助的信息。如：消费行为、社交行为、健康状况等数据，通过数据分析可以帮助从这些数据中提取有用的信息，以便做出更精准的决策。

数据分析可以帮助企业识别新的商机和市场机会，并发现降低成本的方法，这对企业来说非常有价值，因为它可以帮助企业增加收入并提高盈利能力。

## 二、数据分析的过程

数据分析的目标是从数据中提取有用的信息和知识。信息是从人类视角对数据的解读，当信息被转换业务过程中可操作的规则，或者揭示了事物的机制，信息就转化成知识，这些知识进而帮助未来的决策和改善当下的行为。数据分析揭示数据之间的关系，预测未来的趋势和结果，可以应用于各种领域，包括商业、金融、医疗、科学等，帮助人们做出更好的决策、提高效率和盈利能力。

从数据到信息到知识的过程可以理解为一个逐步提炼、加工和分析的过程。

**1. 确定数据分析要解决的问题**　问题定义非常重要，它规定了分析的任务边界，应该使用什么样的数据资源，以及分析的方法，在定义一个商业数据分析项目的问题时，常需要回答下面的问题（5W2H）。

（1）为什么需要数据分析（Why，确定目标，了解背景，分析的主要指标如利润增长）。

（2）数据分析的内容是什么（What，主要指标需要拆解成二级、三级指标），利润增长这样的指标对落实到决策选择和行为改善意义不大，如果仔细考虑利润增长这个目标指标，它可能涉及收入增长和成本减少两个方面（利润＝收入－成本），相较于主要指标利润，增加收入、减少成本这两个指标的改善是相关业务人员更容易控制的指标。

（3）分析的主体和客体（Who，分析的对象是什么？哪些顾客，哪些产品？需要分析结果的人是谁，市场部、供应链部门的业务人员？）。

（4）分析的时间（When，使用什么时间的数据？描述现在还是预测未来？）

（5）分析的地点（Where，互联网营销的地点可能不是地理上的，也可能是不同的网络销售渠道，如天猫、京东、亚马逊、抖音等）。

（6）如何分析如何落实（How，如何实施数据分析项目，如何在业务中使用数据分析的结果）。

（7）分析和落实的成本（How much，数据分析的成本和应用数据分析的项目成果的成本），数据分析需要的数据获取、分析工具可能都需要成本，在实施前最好评估投入产出，避免风险。在实际业务中应用数据分析的项目成果也需要评估可能的投入和产出。

**2. 收集和整理数据**  这些数据可以来自各种渠道，例如业务系统、社交媒体、传感器、互联网、现场计数、问卷调查等。

**3. 清洗和整理数据**  以便更好地理解和分析数据。在这个阶段，可能需要综合使用各种数据采集、转换、加载的工具和技术。

**4. 分析和建模**  这个过程涉及到各种分析方法和技术，例如数据可视化、统计分析、数据挖掘、机器学习等。通过这些技术，揭示数据之间的关系、预测未来的趋势和结果，从而提取出有用的信息。

**5. 将这些信息转化为知识**  使它们对的决策和行动产生实际的影响。这需要对信息进行解释和理解，将其经验和专业知识相结合，以便做出更明智的决策和行动。

总之，从数据到信息到知识的过程需要运用各种数据工具和技术，以便逐步提炼、加工和分析数据，最终将其转化为有用的知识。这个过程需要具备一定的专业知识和技能，同时需要不断学习和探索，以应对不断变化的数据环境和业务需求。

## 动手练

有一个电商企业在网上销售户外用品，如：帐篷、冲锋衣等。企业的营销过程是：通过平台流量获得关注本店的客户，通过静态展示和直播等方式提高留存，让顾客经常光顾本店并购买商品。假设数据分析部门需要承担该电商企业分析，如何才能提高关注、转化、留存、购买的比例。如何开始一个数据分析项目？可以这样来确定一个数据分析项目。

（1）Why  公司的现状，为什么需要启动这个项目？提高公司利润的途径有哪些？（提高销量？减少成本？打造爆款？）不同目标会产生不同的指标：总销售额、总成本、单品销量（例如某款冲锋衣）。

（2）What  如果上一步确定真实的目标是提高总销售额，那么根据：总销售额＝访客数＊转化率＊留存率＊客单价，可以从分析提高访客数、转化率、留存率、客单价这些指标的方式来提高销量。

（3）Who  访客数的分析对象涉及广告、媒体内容投放渠道，转化率的分析对象涉及商品展示的设计、直播的吸引力等，留存率的分析涉及内容对客户的吸引力，客单价涉及商品和客户的购买力。

（4）When　使用什么时间的数据，数据对实际的滞后时间是多少，项目多久完成。

（5）Where　网络销售渠道，如天猫、京东、亚马逊、抖音等。

（6）How　不同渠道和不同内容的对比可以采用 A/B 测试，数据可视化，等等方法。

（7）How much　分析和实施的投入产出。

根据上面的步骤，试着自己收集数据，给出一份你的方案。

# 项目十三　综合实训项目

## 任务一　UCI 心脏病数据集分析

### 一、实训目标

**1. 掌握**　数据预处理和清洗的一般方法；数据相关性分析的一般方法、常用的分类和聚类算法。

**2. 熟悉**　数据分析的一般流程。

**3. 了解**　心脏病基础知识。

### 二、实训背景

在本实训中，我们将对心脏病数据集进行预处理和清洗，使用各种数据分析技术，以观察数据中存在的趋势、模式和相关性，并绘制可视化图标，完成数据分析简报。

**1. 心脏病数据集**　本数据集从加利福尼亚大学尔湾分校（UCI）的机器学习库中得到。心脏病数据集包含 920 条心脏病数据信息，分别来自于克利夫兰诊所基金会（303 条）、匈牙利心脏病研究所（294 条）、加利福尼亚州长滩退伍军人医疗中心（200 条）、瑞士苏黎世大学医院（123 条）。每条信息包含 76 个属性，各个属性描述解释如下。

| 序号 | 属性名 | 属性描述 | 序号 | 属性名 | 属性描述 |
|---|---|---|---|---|---|
| 1 | id | 患者标识 | 2 | ccf | 社会保障号码（脱敏，用 0 表示） |
| 3 | age | 年龄 | 4 | sex | 性别（男性取值为 1，女性取值为 0） |
| 5 | painloc | 胸痛部位：胸骨下取值为 1，其他部位取值为 0 | 6 | painexer | 疼痛：因用力引起取值为 1，其他为 0 |
| 7 | relrest | 休息结果：休息后缓解取值为 1，其他为 0 | 8 | pncaden | 5、6、7 项的和 |
| 9 | cp | 胸痛类型：典型心绞痛取值为 1，非典型心绞痛取值为 2，非心绞痛取值为 3，无症状取值为 4 | 10 | trestbps | 静息血压（单位为毫米汞柱） |
| 11 | htn | 高血压 | 12 | chol | 胆汁淤积血清（mg/dl） |
| 13 | smoke | 吸烟取值为 1，不吸烟取值为 0 | 14 | cigs | 每天抽烟数量 |
| 15 | yeas | 烟龄 | 16 | fbs | 空腹血糖大于 120mg/dl 取值为 1，否则为 0 |
| 17 | dm | 有糖尿病史取值为 1，否则为 0 | 18 | famhist | 有冠状动脉疾病家族史取值为 1，否则为 0 |
| 19 | restecg | 静息心电图结果：正常取值为 0，有 ST－T 波异常（T 波倒置和/或 ST 升高或降低 > 0.05 mV）取值为 1，按照埃斯特斯的标准显示可能或明确的左心室肥大取值为 2 | 20 | ekgmo | 运动心电图读数月份 |

| 序号 | 属性名 | 属性描述 | 序号 | 属性名 | 属性描述 |
|---|---|---|---|---|---|
| 21 | ekgday | 运动日心电图读数 | 22 | ekgyr | 运动心电图读数年份 |
| 23 | dig | 洋地黄用于运动心电图取值为 1，否则为 0 | 24 | prop | 运动心电图中使用的 β 受体阻滞剂取值为 1，否则为 0 |
| 25 | nitr | 运动心电图中使用的硝酸盐取值为 1，否则为 0 | 26 | pro | 钙通道阻滞剂在运动心电图中的应用取值为 1，否则为 0 |
| 27 | diuretic | 运动心电图中使用的利尿剂取值为 1，否则为 0 | 28 | proto | 运动协议：Bruce 取值为 1，Kottus 取值为 2，McHenry 取值为 3，快速 Balke 取值为 4，Balke 取值为 5，Noughton 取值为 6，自行车 150 千帕取值 7，自行车 125 千帕取值 8，自行车 100 千帕取值 9，自行车 75 千帕取值 10，自行车 50 千帕取值 11，臂式测力计取值 12 |
| 29 | thaldur | 运动测试持续时间（分钟） | 30 | thaltime | ST 测量值下降的时间 |
| 31 | met | 心脏功能容量 | 32 | thalach | 最大心率 |
| 33 | thalrest | 静息心率 | 34 | tpeakbps | 运动血压峰值（两部分中的第一部分） |
| 35 | tpeakbpd | 运动血压峰值（两部分中的第二部分） | 36 | dummy | 未明确 |
| 37 | trestbpd | 静息血压 | 38 | exang | 运动性心绞痛取值 1，否则为 0 |
| 39 | xhypo | 低血压取值为 1，否则为 0 | 40 | oldpeak | 运动相对于休息引起的 ST 段压低 |
| 41 | slope | 运动峰值 ST 段的斜率：提升取值 1，持平取值 2，向下消减取值 3 | 42 | rldv5 | 静息高度 |
| 43 | rldv5e | 运动高峰时的高度 | 44 | ca | 荧光染色的主要血管数（0～3） |
| 45 | restckm | 无关 | 46 | exerckm | 无关 |
| 47 | restef | 静息放射性核素射血分数 | 48 | restwm | 静止壁运动异常：无异常取值为 0，轻度或中度取值为 1，中度或重度取值为 2，无运动或运动障碍取值为 3 |
| 49 | exeref | 运动放射性核素射血分数 | 50 | exerwm | 练习壁运动 |
| 51 | thal | 正常取值 3，固定缺陷取值 6，可逆转缺陷取值 7 | 52 | thalsev | 未使用 |
| 53 | thalpul | 未使用 | 54 | earlobe | 未使用 |
| 55 | cmo | 心脏导管月份 | 56 | cday | 心脏导管日 |
| 57 | cyr | 心脏导管年份 | 58 | num | 心脏病诊断 |
| 59 | lmt | 左主冠状动脉 | 60 | ladprox | 左冠状动脉前降支近段 |
| 61 | laddist | 左冠状动脉前降支远段 | 62 | diag | 对角支，左冠状动脉前降支的主要分支 |
| 63 | cxmain | 左冠状动脉回旋支 | 64 | ramus | 左冠状动脉中间支 |
| 65 | om1 | 左冠状动脉第一对角支 | 66 | om2 | 左冠状动脉第二对角支 |
| 67 | rcaprox | 右冠状动脉近段 | 68 | rcadist | 右冠状动脉远段 |
| 69 | lvx1 | 未使用 | 70 | Lvx2 | 未使用 |
| 71 | Lvx3 | 未使用 | 72 | Lvx4 | 未使用 |
| 73 | lvf | 未使用 | 74 | cathef | 未使用 |
| 75 | junk | 未使用 | 76 | name | 患者的姓氏（脱敏，用字符串"name"表示） |

在以往的数据分析实验中，只用了其中的 14 个属性，具体如下。

| 序号 | 属性名 | 属性描述 | 序号 | 属性名 | 属性描述 |
|---|---|---|---|---|---|
| 3 | age | 年龄 | 4 | sex | 性别（男性取值为1，女性取值为0） |
| 9 | cp | 胸痛类型（典型心绞痛取值为1，非典型心绞痛取值为2，非心绞痛取值为3，无症状取值为4） | 10 | trestbps | 静息血压（单位为毫米汞柱） |
| 12 | chol | 胆汁淤积血清（mg/dl） | 16 | fbs | 空腹血糖大于120mg/dl 取值为1，否则为0 |
| 19 | restecg | 静息心电图结果：正常取值为0，有ST－T波异常（T波倒置和/或ST升高或降低>0.05 mV))取值为1，按照埃斯特斯的标准显示可能或明确的左心室肥大取值为2 | 32 | thalach | 最大心率 |
| 38 | exang | 运动性心绞痛取值1，否则为0 | 40 | oldpeak | 运动相对于休息引起的ST段压低 |
| 41 | slope | 运动峰值ST段的斜率：提升取值1，持平取值2，向下消减取值3 | 44 | ca | 荧光染色的主要血管数（0－3） |
| 51 | thal | 正常取值3，固定缺陷取值6，可逆转缺陷取值7 | 58 | num | 心脏病诊断 |

其中序号58属性num，为预测属性，取值为0到4的整数，0表示不存在心脏病，1~4区分心脏病严重程度，其中4最严重。

**2. 心脏病数据文件及其来源**

| 数据文件名 | 数据实例数量 | 数据属性数量 | 数据来源 |
|---|---|---|---|
| cleveland. data | 303 | 76 | 克利夫兰诊所基金会 |
| processed. cleveland. data | | 14 | |
| hungarian. data | 294 | 76 | 匈牙利心脏病研究所 |
| long－beach－va. dat | 200 | 76 | 加利福尼亚州长滩退伍军人医疗中心 |
| switzerland. data | 123 | 76 | 瑞士苏黎世大学医院 |

**3. 心脏病数据集数据版权说明**　根据数据库作者要求，使用这些数据而产生的任何出版物都包括负责数据收集的主要研究者的姓名和所在机构。

（1）匈牙利心脏病研究所，Andras Janosi，医学博士。

（2）瑞士苏黎世大学医院，William Steinbrunn，医学博士。

（3）瑞士巴塞尔大学医院，Matthias Pfisterer，医学博士。

（4）V. A. 医疗中心、长滩和克利夫兰诊所基金会，Robert Detrano，医学博士。

## 三、实训任务

1. 基于克利夫兰诊所基金会数据，分析性别、年龄、心率、血压、胸痛类型与心脏病相关性。

2. 基于常用的分类、聚类及相关算法，建立心脏病预测模型。以克利夫兰诊所基金会数据（303条）为训练集，分别以匈牙利心脏病研究所（294条）、加利福尼亚州长滩退伍军人医疗中心（200条）、瑞士苏黎世大学医院（123条）数据为测试集，验证预测模型的准确率。

3. 将上述分析结果，形成可视化分析简报。

# 任务二　某平台母婴市场购物数据集分析

## 一、实训目标

**1. 掌握**　数据的预处理和清洗的一般步骤与方法；可视化分析工具的使用方法，更好地了解数据；机器学习库中常用分类、聚类算法的使用。

**2. 了解**　电商企业进行商业数据分析的基本思路。

## 二、实训背景

　　在本实训中，我们将对淘宝母婴商品的购物数据进行预处理，并使用各类数据分析技术，以观察数据中存在的趋势、相关性，并绘制可视化图标，完成数据分析简报。

　　**淘宝母婴类目购物数据集**　本数据集来源于阿里云天池的数据库，具体数据由天猫和淘宝平台实际购物行为数据脱敏后生成。阿里拥有海量购物数据，从中抽样了一段时间内部分顾客的母婴商品的购物行为数据生成本数据集。本数据集包含两个数据集表，一为母婴信息表 tianchi_mum_baby，是顾客在淘宝或天猫自主填写的婴儿相关数据，有可能不真实。该数据集表包括以下字段。

| 字段 | 字段说明 |
| --- | --- |
| user_ id | 用户 id |
| birthday | 孩子出生日期 |
| gender | 孩子的性别（0 代表男性，1 代表女性，2 代表性别不明） |

二为母婴商品交易信息表 tianchi_ mum_ baby_ trade_ history，是用户在淘宝和天猫平台上购物的部分历史数据，包括以下字段：

| 字段 | 字段说明 |
| --- | --- |
| user_ id | 用户 id，与上表的 uesr_ id 为同一字段 |
| auction_ id | 交易唯一 id，已脱敏 |
| category_ 1 | 商品所属一级类目、商品大类；已脱敏 |
| category_ 2 | 商品所属二级类目，是 category_ 1 类目的子类，也就是更细分的类目；已脱敏 |
| buy_ amount | 商品购买数量 |
| day | 商品交易时间，YYYYMMDD 格式，只精确到天 |

## 三、实训任务

1. 数据集数据量偏大，熟悉数据，并结合常识，检查是否有缺失值、异常数据，进行数据清洗；同时观察各字段的数据类型，进行数据的预处理。

2. 对购物数据进行各维度的分析。母婴相关商品的销量每月变化如何，有什么规律；各类目的销量如何，什么类目最畅销（先分析一级类目，再拆分至二级类目）；不同性别的婴儿购买行为是否相似，各自有什么偏好类目。

3. 基于常用的分类、聚类及相关算法，建立用户购买类目预测模型，以购买商品所属一级类目为预测属性。由于本数据集数据量较大，进行数据清洗后，抽样其中 2000 条数据，以 70% 的数据为训练数据集，以剩余 30% 的数据为测试数据集，计算预测模型的准确率（由于本数据集用户特征数据、行为数据很少，因此预测准确率相对较低是必然的，在实际企业进行数据建模时，会包括用户很多细致数据帮助预测，比如：用户浏览商品类目、已购商品类目、类目购买频次等）。

4. 将上述分析结果形成可视化分析简报。

✐ 知识链接 ------------------------------------

### 电商企业数据分析简介

无论是平台型电商企业（比如：淘宝，引入大量中小商家开设店铺，撮合交易，并非平台自主售卖商品）还是自主售卖型电商企业（比如：京东自营，公司产货销货），电商类企业都希望可以帮助顾客迅速地找到目标商品并产生交易，让顾客成为企业的忠实客户。在这个过程中需要进行大量的数据分析，并采取相关行为提升核心数据，进而帮助电商企业提升最核心的数据：销售额。以下是企业经营过程中常用的分析维度，能帮助我们了解企业实际经营过程中到底是怎么分析数据的。

**1. 流量为王**　每天有多少人在浏览页面，是产生交易的基础，PV、UV 是最基本的流量相关数据。PV 是指页面访问量，即 Page View，用户每次对网站的访问均被记录，用户对同一页面的多次访问，是访问量的累计。UV 是指独立访问用户数，即 Unique Visitor，访问网站的一台电脑客户端为一个访客，根据 IP 地址来区分访客数。掌握每天各页面的 PV、UV 是分析购物数据的基础。

**2. 转化分析**　基于基础的访问数据，计算浏览行为的后续转化。顾客在浏览商品列表时是否点击了商品查看商品详情、浏览时是否收藏或加购该商品、加购后是否有成交，转化率分别是多少。转化率代表着商品对于顾客的吸引力，如果某商品在商品列表中的浏览点击转化率明显低于同类目商品，那么意味着在商品列表中该商品展示的图片、商品名称、商品定价等可能有问题，导致用户对此商品不感兴趣。因此可以针对性地改善列表页该商品的展示资料，提升该商品的点击转化率，进而提升该商品的成交频次。

**3. 会员分析**　会员一般是所有顾客中对平台黏性更高的一批人，因此提升会员数量会是很多电商企业非常关注的指标。分析会员的整体购买频次、一段时间后的流失率等数据可以帮助企业判断商品对会员的吸引力，并采取相关措施来吸引更多新会员、阻止更多的老会员流失。

**4. 财务分析**　持续不断的新客是企业蒸蒸日上的重要支撑。在经营过程中为了吸引更多新顾客，需要投入一定的营销费用，那么或许一个新客需要多少额外成本、促成新客产生一笔交易需要多少成本等这些都是财务角度上相对核心的指标，是企业能否盈利、盈利多少的基础。

在企业的不同阶段会有不同的分析侧重点。电商平台初期会侧重于流量相关指标，随着流量的不断提升，转化率的分析优化会成为更重要的部分。而当电商平台越做越大，能否从交易中盈利就会成为当下的重点。

以上是电商类企业在日常数据分析过程中非常基础的思路，在实际经营分析过程中会有很多不同的切入点，也会有很多有趣的结论，大家可以自主寻找一些数据集进行分析，相信你会有很多不一样的收获。

# 任务三　Google Play Store APPs 数据集分析

## 一、实训目标

**1. 掌握**　数据的预处理和清洗的一般步骤与方法；基础的数据操作方法，完成数据的初步分析；数据相关性分析的一般方法，常用的分类、聚类和回归算法等。

**2. 了解**　手机应用市场各 APP 的基本数据及意义。

3. 使用数据可视化工具，展示数据分析结论。

## 二、实训背景

Google Play 又称 Play Store（Play 商店），前称为 Android Market，是由 Google 公司经营开发的数字化应用发布平台，几乎是世界上最全面的安卓系统相关应用的聚集地。

在本实训中，我们将对 Google Play 中 APP 的相关数据进行预处理、分析，观察数据间存在的相关性、趋势，并绘制分析图表，完成数据分析简报。

**Google Play Store APPs 数据集**　本数据集从 Google Play Store 中抓取，包含了安卓应用的很多基础信息，可以从中分析出很多安卓应用开发者所需的有用信息和结论。

Google Play Store APPs 数据集 googleplaystore. csv 包含上万个 APP 的相关数据信息，每个 APP 包含以下字段信息。

| 序号 | 字段 | 字段说明 |
| --- | --- | --- |
| 1 | App | 应用名称 |
| 2 | Category | 应用程序所属分类 |
| 3 | Rating | 应用程序的整体用户评分 |
| 4 | Reviews | 应用程序的用户评论数量 |
| 5 | Size | 应用程序的大小 |
| 6 | Installs | 下载安装该应用程序的用户数量 |
| 7 | Type | 付费/免费应用 |
| 8 | Price | 应用程序的价格 |
| 9 | ContentRating | 应用程序的目标人群 |
| 10 | Genres | 应用程序的类型（一个应用程序可属于多种类型） |
| 11 | LastUpdated | 应用程序的最新更新时间 |
| 12 | CurrentVer | Play Store 上应用程序的可用最新版本 |
| 13 | AndroidVer | 最低可用要求的 Android 版本 |

其中，在实际数据分析中，前 9 个字段为重点分析字段。

## 三、实训任务

1. 由于数据相对粗糙，检查即将进行分析的数据中是否有缺失值、异常数据，进行数据清洗；同时为了后续的数据统计分析，进行数据的预处理。

2. 进行基础的数据分析，试着找出有趣的结论。什么分类的 APP 最多；APP 的评分是如何分布的；评论数量是如何分布的；有多少付费 APP，占比多少，最贵的 APP 要多少钱。

3. APP 的用户评分是应用市场中相对核心的数据。分析应用所属分类、用户评论数、下载安装的用户数量、应用程序的价格与用户评分的相关性。基于相关性的分析，如果你是 APP 的运营人员，会做些什么来提升 APP 的整体用户评分。

4. 基于常用的分类、聚类及相关算法，建立评分预测模型，以 APP 的用户评分为预测属性。由于本数据集数据量较大，进行数据清洗后，抽样其中 2000 条数据，以 70% 的数据为训练数据集，以剩余 30% 的数据为测试数据集，计算预测模型的准确率。

5. 将上述分析结果，形成可视化分析简报。

✎ 知识链接

## 应用市场 APP 相关分享

　　APP 是安装在智能手机上的软件，可以完善原始系统的不足与个性化。是手机完善其功能，为用户提供更丰富的使用体验的主要手段，现阶段已经非常盛行。许多企业业务的数字化信息化载体都是在 APP 上，引导用户下载并使用 APP 是许多公司业务在起步时遇到的一大考验。

　　提升整体 APP 的使用量，有以下好几个环节可以入手。

　　提升曝光。让更多目标用户知道 APP 满足他们的诉求，可以让更多人愿意在应用市场中搜索相关应用程序或是查看相关推荐。但是往往提升曝光意味着高额的营销投入，因此更多企业会聚焦于提升曝光后的下载转化，让整体投入产出比更高。

　　提升下载转化率。APP 在应用市场的评分，会直接影响到用户是否下载该 APP，同时也会影响其在应用市场中的搜索排名、被推荐权重。就像用户像在淘宝买东西一样，用户会根据评价的好坏来决定要不要下载这个 APP。在调研过程中，很多用户反馈，非常关注 APP 评分，看到 APP 评分低，若还含有广告，那基本会放弃并寻求替代品。如果 APP 评分明显低于平均水平，那么即使有很多曝光量，用户也很有可能不愿意下载使用该 APP，下载转化率就会很低。

　　提升整体 APP 的可用性。用户下载后，能否留存在 APP 中，取决于 APP 能否满足其诉求以及整体 APP 的可用性。打开 APP，是否需要注册后才能使用、注册流程是否繁琐、使用过程是否总是报错，这都是一道道门槛在提升着用户的操作成本。因此 APP 的整体使用流程设计，需要反复打磨，力求给用户提供很好的使用体验，才能更好地让用户留存于此 APP。

　　当然了，提高 APP 使用量的核心还是在于"稳、准、狠"地找到用户的高频需求，那么结合好的用户体验，相信一定会是一款能够为用户真正带来价值的好产品。

# 参考文献

［1］ MCKINNEY W. Python for Data Analysis ［M］. 3rd ed. Cambridge：O'Reilly Media，2022.

［2］ NELLI F. Python Data Analytics With Pandas，NumPy，and Matplotlib ［M］. 2nd ed. City of Berkeley：Apress，2018.

［3］ SWAMYNATHAN M. Mastering Machine Learning with Python in Six Steps ［M］. City of Berkeley：Apress，2017.